内容简介

    本书从常规消毒、粪便和尸体的消毒、妊娠期及哺乳期母兔与仔兔的消毒保健、兽医室消毒、消毒剂消毒效果评价方法及影响因素等方面介绍了兔场的消毒技术。还根据肉兔疫苗使用特点，重点介绍了疫苗的种类、疫苗选择的原则、疫苗使用技术、免疫效果的评估、影响免疫效果的因素、规模化兔场参考免疫程序。此外，本书对肉兔疫病的综合防控和肉兔养殖过程中的常用检测技术也进行了详细阐述。

现代养殖场疫病综合防控技术丛书

肉兔场 消毒与 疫苗使用技术

王 芳 薛家宾 李明勇 范志宇 主编

中国农业出版社

图书在版编目（CIP）数据

肉兔场消毒与疫苗使用技术／王芳等主编 . —北京：
中国农业出版社，2015.7（2017.4重印）
（现代养殖场疫病综合防控技术丛书）
ISBN 978-7-109-20580-2

Ⅰ.①肉…　Ⅱ.①王…　Ⅲ.①肉用兔-饲养管理-防
疫　Ⅳ.①S829.1

中国版本图书馆 CIP 数据核字（2015）第 135246 号

中国农业出版社出版
（北京市朝阳区麦子店街 18 号楼）
（邮政编码 100125）
策划编辑　王森鹤

中国农业出版社印刷厂印刷　新华书店北京发行所发行
2016 年 4 月第 1 版　2017 年 4 月北京第 2 次印刷

开本：880mm×1230mm　1/32　印张：2.625
字数：62 千字
定价：9.00 元
（凡本版图书出现印刷、装订错误，请向出版社发行部调换）

主　编　王　芳（江苏省农业科学院）
　　　　薛家宾（江苏省农业科学院）
　　　　李明勇（青岛康大兔业发展有限公司）
　　　　范志宇（江苏省农业科学院）
副主编　胡　波（江苏省农业科学院）
　　　　魏后军（江苏省农业科学院）
　　　　宋艳华（江苏省农业科学院）
　　　　徐为中（江苏省农业科学院）
　　　　潘雨来（金陵种兔场）
　　　　牟　特（青岛康大兔业发展有限公司）
　　　　王召朋（青岛康大兔业发展有限公司）
　　　　宋大伟（青岛康大兔业发展有限公司）
参　编　杨　杰（江苏省农业科学院）
　　　　翟　频（江苏省农业科学院）
　　　　胡春晖（金陵种兔场）
　　　　邵　乐（江苏省农业科学院）
　　　　徐洪青（青岛康大兔业发展有限公司）
　　　　庄桂玉（青岛康大兔业发展有限公司）
　　　　王　红（青岛康大兔业发展有限公司）
　　　　刘　曼（青岛康大兔业发展有限公司）

前　言
Preface

　　我国作为世界养兔大国，具有饲养总量大，肉兔、毛兔和獭兔全面发展的特点，其中肉兔养殖占我国养兔生产总量的 60%，具有重要的地位。我国肉兔生产方式虽正向规模化、产业化、信息化转变，但仍缺乏科学合理的饲养管理方案。为满足肉兔场养殖需求，我们编著本书，旨在指导规模化肉兔场实现科学健康的养殖。

　　全书分为四章，第一章介绍兔疫病综合防控，从养兔生产方式、种兔控制、环境控制、免疫预防、科学饲养管理、药物保健和疫病监测等方面介绍如何综合防控肉兔疫病；第二章为消毒技术，对兔场的常规消毒、兔舍的清洁消毒、带兔消毒、水源消毒、粪便的消毒、尸体的消毒、兔体消毒、妊娠期及哺乳期母兔与仔兔的消毒保健、兽医室消毒、消毒剂消毒效果评价方法及影响因素等进行了全面介绍；第三章介绍了疫苗使用技术，主要包括疫苗的种类、疫苗选择的原则、疫苗使用技术、免疫效果的评估、影响免疫效果的因素、规模化兔场参考免疫程序等；第四章为常用检测技术，主要介绍病理剖检、病料采集与送检、病原分离、抗体检测、检测报告分析要点、实验室检测常见误区等。

　　本书实用性和针对性强，理论和实践密切结合，针对我国肉兔场养殖需求，重点介绍消毒和疫苗使用相关知识和技术。全书通俗易懂，可操作性强，可作为广大养殖场饲养管理人员和技术人员的指导用书。

由于编者水平有限，若书中存在不足和错误，恳请读者朋友提出宝贵意见和建议。

目　录
Contents

前言

一、兔疫病综合防控 ·· 1

（一）养兔生产方式的转变与主要问题 ·················· 1

　1. 养兔生产方式的转变 ·································· 1

　2. 养兔生产存在的主要问题 ·························· 1

（二）兔疫病防控的主要措施 ······························· 3

　1. 种兔控制 ··· 3

　2. 环境控制 ··· 3

　3. 免疫预防 ··· 4

　4. 科学饲养管理 ··· 4

　5. 药物保健 ··· 5

（三）疫病监测及暴发疫情后的处理措施 ·············· 6

　1. 疫病监测 ··· 6

　2. 暴发疫情后的处理措施 ···························· 6

二、消毒技术 ··· 9

（一）兔场的常规消毒 ······································· 9

　1. 隔离消毒 ··· 9

　2. 兔舍的清洁消毒 ······································ 11

　3. 带兔消毒 ··· 13

　4. 水源的消毒 ·· 16

　5. 污水与粪便的消毒处理 ··························· 20

6. 尸体的消毒 ················· 22

　　　7. 发生传染病后的消毒 ··········· 23

　　　8. 兔体消毒 ·················· 25

　　　9. 妊娠期及哺乳期母兔与仔兔的消毒 ··· 26

　　　10. 保障消毒效果的措施 ·········· 27

　　　11. 兽医室消毒 ··············· 33

　　（二）消毒剂消毒效果评价方法及影响因素 ···· 34

　　　1. 实验室消毒剂的消毒效果评价 ····· 34

　　　2. 影响消毒剂消毒效果的因素 ······ 35

　　（三）兔场消毒效果的评估 ············ 36

　　　1. 空气消毒效果的检验 ·········· 36

　　　2. 污染区消毒效果的检验 ········· 37

　　（四）兔场消毒的误区 ·············· 37

　　　1. 消毒前不做清洁 ············· 37

　　　2. 带兔消毒的误区 ············· 38

　　　3. 消毒流于形式 ·············· 38

　　　4. 过分依赖消毒 ·············· 38

三、疫苗使用技术 ·················· 39

　　（一）疫苗的种类 ················ 39

　　　1. 灭活疫苗 ················· 39

　　　2. 亚单位疫苗 ··············· 40

　　　3. 活载体疫苗 ··············· 40

　　　4. 核酸疫苗 ················· 40

　　（二）兔场疫苗选择的原则 ··········· 41

　　　1. 选择正规厂家生产的疫苗 ······· 41

　　　2. 选择质量好的疫苗 ··········· 44

　　　3. 针对本场实际情况选择合适的疫苗 ·· 44

　　（三）疫苗使用及注意事项 ··········· 45

　　　1. 运输与保藏 ··············· 45

2. 注射剂量、方法 …………………………………… 47

3. 免疫前的准备 …………………………………… 48

4. 疫苗注射过程中的要点 ………………………… 48

5. 免疫后的观察及副反应的紧急处理 …………… 49

6. 免疫记录 ………………………………………… 50

（四）兔场常见疫病的防疫 …………………………… 51

1. 病毒性疫病 ……………………………………… 51

2. 细菌性疫病 ……………………………………… 53

（五）免疫效果的评估 ………………………………… 56

1. 疫苗的安全性 …………………………………… 56

2. 疫苗的免疫效力（短期效力及长期效力） …… 57

（六）影响免疫效果的因素 …………………………… 57

1. 疫苗方面 ………………………………………… 57

2. 免疫使用方法 …………………………………… 58

3. 兔群状况 ………………………………………… 59

4. 环境因素的影响 ………………………………… 59

（七）规模化兔场参考免疫程序 ……………………… 60

1. 繁殖种兔群的免疫程序 ………………………… 60

2. 非繁殖青年、成年兔群的免疫程序 …………… 61

3. 肉兔的免疫程序 ………………………………… 62

4. 仔、幼兔的免疫程序 …………………………… 62

四、常用检测技术 ……………………………………… 63

（一）病理剖检 ………………………………………… 63

1. 剖检方法 ………………………………………… 63

2. 剖检内容 ………………………………………… 64

（二）病料采集与送检 ………………………………… 64

1. 全兔病料 ………………………………………… 64

2. 脏器病料 ………………………………………… 65

（三）病原分离 ………………………………………… 66

1. 细菌性疾病 ……………………………………………… 66

2. 病毒性疾病 ……………………………………………… 66

（四）抗体检测 ……………………………………………… 67

1. 抗体检测的目的 …………………………………………… 67

2. 血液采集方法 ……………………………………………… 67

3. 血清制备方法 ……………………………………………… 67

4. 合格血清的要求 …………………………………………… 67

（五）检测报告分析要点 ……………………………………… 67

（六）实验室检测常见误区 …………………………………… 68

1. 样本采集不合理 …………………………………………… 68

2. 检测方法或方案不正确 …………………………………… 69

3. 判断依据不合理 …………………………………………… 69

参考文献 ………………………………………………… 70

一、兔疫病综合防控

（一）养兔生产方式的转变与主要问题

1. 养兔生产方式的转变

（1）规模化 经过多年的发展，我国已成为世界第一肉兔生产大国，养殖方式也已经逐步从小户散养发展到集约化规模养殖、多数家庭专业化养殖或企业化养殖，其基础母兔在200只以上。当然规模化也是相对的，不是养殖规模越大越好，应能够保证实行人工授精，做到全进全出，才可以大大节约成本和劳动投入，提高家兔繁殖率，实现标准化的养殖模式。

（2）产业化 随着我国养兔业的不断发展，养兔产业已经实现从产品的初级生产到精深加工、从内销市场到外贸出口的转变，由原来的副业转变为主产区畜牧业的支柱产业，对改善人民生活水平、调整人们膳食结构、提高农民收入做出了贡献。

（3）信息化 随着信息技术的不断提高，养殖业信息化水平也随着国民经济的增长而与时俱进，利用多媒体和信息网络等技术建立了兔业养殖相关网页，涵盖养殖技术、疫病防治、市场动态、供求信息等诸多方面，实现了信息化和智能化养殖。

2. 养兔生产存在的主要问题

（1）种兔与引种 种兔是兔场的核心，是兔业增产增效的关键因素，是现代养兔业生产的基础性资源。家兔品种对兔产业的贡献率在40％以上。随着兔业生产格局的变化，我国家兔良繁体系薄弱环节日趋明显。真正合格的种兔场数量不仅少，且规模小，供种能力有限，具有高生产性能的优良品种少之又少。现有家兔良种场供种不能满足生产发展的需要，良繁体系与兔业产区生产不配套，因而生产中种兔以低代高、以次充好的现象屡有发生。出现以上问题的主要原因：一方面，多数企业对选种选育意识不强，忽视引进品种的进一步选育提高，已培育的兔品种退化严重，在生产过程中不进行生产性能测定，选种留种没有繁殖档案和日常生产记录数据，种兔品质无据可查；另一方面，养殖户引种存在盲目性和随意性，一些养殖户不按照科学程序进行引种，兔种血缘不清，有的农户直接购买商品兔作为种兔，造成家兔生长慢、成活率低、品种杂、效益差。

（2）生态环境 随着养殖用地紧张、环保压力加大和饲养成本上升，兔业发展空间也受到限制，虽然兔业养殖对环境污染不大，但是在养殖和加工过程中产生的粪尿排放和废弃物处理，仍需要谨慎对待，应尽量减少对环境的排放量。养兔业对生态环境影响的另一个问题，即抗生素的使用不当。目前，我国肉兔生产中滥用抗生素主要表现在：第一，使用淘汰或禁用的抗生素；第二，大剂量使用抗生素；第三，盲目使用抗生素，没有针对性。抗生素的滥用易导致病原菌出现耐药性问题，以及抗生素在动物体内或动物产品中的药物残留问题。因此，尽量避免上述问题的产生，对建立环境友好型和可持续发展的健康养兔产业意义重大。

（3）疫病流行状况

① 多种病原共同感染 在规模化兔场经常出现两种或两种以上的病原同时感染同一兔群，并发、继发和混合感染病例增多。病毒病与细菌病混合感染，常见的有兔出血症与巴氏杆菌病、兔出血症与魏氏梭菌病、兔出血症与波氏杆菌病并发等。两种以上细菌性疾病同时发生，常见的有巴氏杆菌病与波氏杆菌病并存，有的甚至还并发绿脓假单胞菌病等。还有寄生虫病和细菌性病并发、传染性疫病与营养代谢病并发等。这些多病原同时混合感染，危害严重，给兔群疾病防控带来很大的困难。这就要求规模化兔场做好这些疾病的防控工作，同时在诊断时必须抓住主要矛盾，分清主次，将临床症状与实验室诊断相结合，综合分析，做出正确的判断，并采取相应的综合防控措施。

② 新疫病的出现　由于当前国内气候变化、环境恶化、国外动物进口与交易频繁、国内动物流通无序等原因，导致新疫病不断出现，严重影响养兔业的健康发展，如兔流行性腹胀病，临床上表现腹胀，且具有一定传染性，发病率和死亡率均较高，但该病的病因和病原目前尚不清楚。对于新发传染病，应采取"早、快、严、小"的措施，即及早发现、快速反应、严格处理、小范围扑灭，防止由点到面向全国蔓延。

（二）兔疫病防控的主要措施

1. 种兔控制

（1）引种与隔离　种兔是兔场的核心，是决定兔场效益的关键。引种前应做好疫病检疫，充分了解种兔场种兔的健康状况，选择优良个体，仔细检查，确保无病方可引入，对有皮肤真菌病、螨病、鼻炎和腹泻等难以控制的疾病的种兔坚决不能引入。兔笼舍、运输设备等应进行消毒处理，并保持兔舍内清洁卫生。新引入的种兔在适应环境后，饲养约30天后进行疫苗免疫，过早免疫易出现应激死亡。

引种后一定要隔离饲养一段时间，饲料要逐步过渡（7～10天）到本场使用的饲料，饲养过渡时间约1个月，并对引入种兔进行隔离检疫和防疫，对重要疫病进行检测，及时发现问题并做相应处理，确定无疾病时，方可混群。

（2）种兔净化　种兔饲养过程中，应定期进行疫病检测，将携带病原体或体质较差的种兔及时淘汰，净化种兔群。

（3）无特定病原体（SPF）动物应用　普通环境下饲养的家兔，携带多种病原体，严重影响家兔的生产。为全面提升种兔的质量，可以采取剖腹产手术的方法对种兔进行净化，并用人工哺乳的方法培育，在SPF屏障系统内繁殖扩群，获得无病原体的优良种兔。SPF兔还可用于人类疫病和重大动物疫病的实验动物模型，具有重要的科研价值。

2. 环境控制

（1）温度　家兔生长繁殖的适宜温度为15～20℃，临界温度

为 0～32 ℃，高于 32 ℃或者低于 0 ℃，均会出现明显的应激，抗病能力减弱。因此，应严格控制兔舍温度，夏季防暑降温，冬季防寒保暖，避免出现应激。

（2）湿度 家兔对空气湿度的反应非常敏感，家兔适宜湿度为 40%～70%。空气湿度过大，易引起腹泻，感染疥癣、湿疹等疾病；空气过于干燥，则会引起呼吸道黏膜干裂，引起细菌和病毒的感染。此外，在高温高湿或低温高湿的环境中，家兔体质减弱，抗病能力较差，易感染疫病。因此，应严格控制兔舍的湿度，尽量保持恒定。

（3）通风 通风可以排出舍中的水汽、有害气体、微生物和尘埃，防止舍内潮湿，减少病原微生物的滋生。长期处于低质量的空气环境中，兔体免疫力变差，抵抗力下降，呼吸系统疾病发病率明显上升，死亡率升高。因此应保持兔舍的良好通风，保证空气质量优良。

（4）消毒 消毒是消灭环境中的病原体，杜绝一切传染来源，阻止疫病继续蔓延的一项重要的综合性预防措施。防止病原微生物的侵入、繁殖、扩散，降低其在环境中的浓度，是保护兔群健康的关键。良好的消毒措施能有效控制病原微生物的生长、繁殖、传播。所以，兔场必须制定完善合理的消毒制度，为兔群健康生长提供良好的环境保证。

3. 免疫预防

兔病应以预防为主，特别是规模兔场，对重大传染病必须进行免疫预防，科学免疫程序的建立在兔病防治中占有重要的地位，是保证养兔成功的关键之一。按照合理的免疫程序对兔群进行防疫，可以有效预防兔场传染病和寄生虫病的发生，确保兔场中兔群对疫病的群体免疫力，有效抵抗疾病的发生和传播，实现科学养殖。

4. 科学饲养管理

科学的饲养管理，即根据家兔的生物学特点、生活习性及不同发育阶段的生理特点，采取不同的饲养管理方式，主要应遵循以下基本原则：①合理的日粮结构、饲喂方法和饲喂量，保证饲料品

质、合理调剂饲料，更换饲料要逐渐过渡，保证饮水的充足和清洁卫生；②创造良好的饲养环境，应做到笼舍清洁干净，夏季防暑，冬季防寒，保持环境安静，防止鼠害，分群分笼饲养，搞好管理；③做好严格的防疫，预防疾病是提高养兔效益的重要保证，饲养过程中选择安全合理的药物，科学配伍，中西结合，预防疾病的发生。任何一个兔场或养殖户，都必须牢记管重于养、养重于防、防重于治、综合防治的饲养原则。

5. 药物保健

（1）合理用药 药物预防主要用于仔兔的球虫病。从仔兔吃料开始就应在其饲料中添加抗球虫药，如地克珠利等，直至 80 日龄或出售前 1 周。以喂草为主的兔场，要在饲料中适当增加抗球虫药，以满足防病的需要。螨病发生严重的兔场，又得不到有效控制时，可在饲料中添加伊维菌素粉剂，每 1～2 个月用药 1 个疗程，即 2 次用药间隔 7～10 天，可有效降低发病率。

（2）保健预防

① 中药制剂 在肉兔和仔兔的生产中，在饲料中添加中草药及其制剂，可明显提高增重率，降低饲料消耗。中草药中如麦芽、鸡内金、赤小豆、芒硝等组合在一起，具有健脾消食作用；而现代医学研究证明，这些中药内含大量蛋白质、维生素和微量元素，因此按照一定比例添加于幼兔饲料中，能够提高幼兔对饲料的消化率，增强机体对营养物质的吸收，补充幼兔生长发育所必需的营养物质，从而达到增重和节约饲料的效果，同时能增强机体免疫力，减少腹泻病的发生，降低死亡率。

② 微生态制剂 微生态制剂是指利用有益微生物及其代谢产物，经发酵、培养等系列工艺制成的活菌制剂。主要包括乳酸菌类、杆菌类、产酶益生素等。通过大量的研究证实，微生态制剂的添加使用，对动物疾病防控及饲料养分利用有较好的促进作用，用于调整宿主体内微生态失调，保持微生态平衡，有效增强机体的免疫力。另外，复合菌类可用于专业发酵处理污水、垃圾、秸秆、生物肥料、生物饲料等。

③ 植物提取物　植物提取物是以植物为原料，经过一系列物理化学提取过程，得到的一种或多种有营养活性成分的混合物。研究表明，植物提取物具有抗菌、促生长、提高免疫力和抗氧化等功能，从而在医药、饲料添加剂等领域得到广泛关注。每种植物中都含有多种成分，主要包括生物碱类、挥发油类、皂苷、单宁及多糖等。目前，植物提取物以大蒜素为主，大蒜素具有抗氧化、降血压、降胆固醇、杀灭细菌和真菌及抗病毒感染、增强机体免疫力等多种作用，且具有诱食助消化的作用，还可以改善肉兔产品的风味，另外具有防霉驱虫和改善畜舍环境的作用。由于大蒜素具有以上特点，因此在养殖生产中得到广泛应用。

（三）疫病监测及暴发疫情后的处理措施

1. 疫病监测

对兔场进行疫病监测的目的是预防和控制兔相关疫病的流行，对养兔业的可持续发展具有重要意义。对养兔场进行定期的疫病监测，可以及时发现、分析、报告、公布疫情有关信息，及早制定主动监测方案，及时采取相应防范措施，对疫情做出迅速反应，疑似发病的家兔应尽快将病料送达指定实验室确诊。此外，应配合动物疫病监测机构定期或不定期进行必要的疫病监督抽查，发生疫病或疑似发生疫病时，根据《中华人民共和国动物防疫法》及时采取疫情上报、隔离、扑杀、消毒、无害化处理等措施，确保疫情不扩散。

2. 暴发疫情后的处理措施

（1）隔离封锁　在发生传染病时，应立即仔细检查所有的家兔，以后每隔5～7天检查一次。根据检查结果，把病兔、可疑兔组成单独的兔群，隔离饲养，以便把传染病控制在最小范围内，在发病的最初阶段将携带病原的家兔扑灭。

对不同状态的家兔，应进行区别对待：

① 对于病兔　在彻底消毒的情况下，把有明显临床症状的病兔单独或集中隔离观察，由专门人员饲养并进行有效的治疗，管理

人员要严加护理和观察。隔离场地门口要设立消毒池，若观察仅有少数病兔，可扑杀。

② 对于可疑病兔　症状不明显，但与病兔有接触或环境受污染，可能处于潜伏期、有排毒（菌）可能的兔，应隔离观察，限制其活动，尽量想办法进行预防治疗，观察1～2周未见发病，可取消限制。

③ 对于假定健康兔　包括一切正常的家兔，其周围有病兔出现，应认真做好消毒工作。

（2）临时消毒　为控制疫病传播流行及危害，需要严格执行消毒制度。疫情活动期间消毒是以消灭病兔所散布的病原为目的而进行的消毒。病兔所在的兔舍、隔离场地、排泄物、分泌物及被病原微生物污染和可能被污染的一切场所、用具和物品等都是消毒的重点。在实施消毒过程中，应根据传染病病原体的种类和传播途径的区别，抓住重点，以保证消毒的实际效果，如肠道传染病消毒的重点是家兔排出的粪便及被污染的物品、场所等；呼吸道传染病则主要是消毒空气、分泌物及污染的物品等。

对所有病死家兔、被扑杀家兔及其产品（包括肉、皮、精液、毛、内脏、骨、血等）按照《畜禽病害肉尸及其产品无害化处理规程》（GB 16548—1996）执行。对于家兔排泄物和被污染或可能被污染的垫料、饲料等物品均需进行无害化处理；对死兔和宰杀的家兔、兔舍、粪便进行终末消毒；对划定的动物疫区内与家兔有密切接触者，在停止接触后应对人及其衣物进行消毒；对划定的动物疫区内的饮用水应进行消毒处理，并严格进行管理；对划定的动物疫区内可能污染的物体表面，在出封锁线时进行消毒。必要时对兔舍的空气进行消毒。

（3）紧急接种　当兔场发生疫病时，为迅速控制和扑灭疫病，应对疫区受威胁的兔群进行紧急接种。通过接种，可使未感染的兔获得抵抗力，降低发病兔群的死亡和损失，防止疫病向周围蔓延。对兔场中所有兔进行紧急接种，方能同步获得免疫力，而不遗留易感兔。为保证接种效果，可以加倍使用疫苗制剂。应注意紧急接种可促使正处在潜伏期的兔发病和死亡，但经过一段时间后，发病和死亡数就会下降，使疫病得到控制。

（4）无害化处理　正确处理病害动物尸体和产品或附属物，采用一系列物理、化学和生物方法，如焚毁、化制或掩埋，从而彻底消除病害因素。

①粪污处理　粪便消毒选择的消毒药物主要是漂白粉和生石灰。家兔粪便中含有一些病原微生物和寄生虫卵，尤其是患有传染病的家兔粪便，病原微生物数量更多，如不进行消毒处理，容易造成病原的污染和疫病的传播。因此对家兔粪便应该进行严格的消毒处理。主要方法包括：焚烧法、化学药品消毒法、掩埋法、干燥法和生物热消毒法。粪便的生物热消毒通常有两种方法：一种是发酵池法，另一种为堆粪法。

②尸体处理　尸体无害化处理的方法包括焚烧法、高温法、土埋法和发酵法。在处理家兔尸体时，不论采用哪种方法，都必须将病兔的排泄物、各种废弃物等一并进行处理，以免造成环境污染。

二、消毒技术

（一）兔场的常规消毒

1. 隔离消毒

（1）出入人员的消毒　衣服、鞋子可被细菌或病毒等病原微生物污染，成为传播疫病的媒介。为便于实施消毒，切断传播途径，需在养殖场大门的一侧和生产区设更衣室、消毒室和淋浴室，供外来人员和生产人员更衣、消毒。要限制与生产无关的人员进入生产区。

生产人员进入生产区时，要更换工作服（衣、裤、靴、帽等），必要时进行淋浴、消毒，并在工作前后洗手消毒、对工作服进行消毒。一切可能携带病原微生物的物品，不准带入场内，凡进入生产区的物品必须进行消毒处理。

要严格限制外来人员进入养殖场，经批准同意进入者，必须在入口处喷雾消毒，再更换场方专用的工作服后方准进入，但不准进入生产区。此外，养殖场要谢绝参观，必要时安排在适当距离之外，在隔离条件下参观。

出售家兔设专用通道，门口设置消毒隔离带，家兔出售过程在生产场区外完成。出生产区的兔不得再回生产区。

① 消毒药物　通常可使用季铵盐类消毒剂、碱类消毒剂及过氧乙酸等。

② 消毒方法　在养殖场的入口处，设喷雾消毒器、紫外线杀菌灯、脚踏消毒槽（池），进入生产区须经"踩、淋、洗、换"消毒程序（踩踏消毒垫消毒，喷淋消毒液，消毒液洗手，更换生产区工作服、胶鞋或其他专用鞋等）经过消毒通道，对出入的人员实施

脚踏消毒，对出入人员的衣服实施喷雾或照射消毒。

③ 脚踏消毒实际操作中要注意以下几点：

A. 消毒液要有一定的浓度。

B. 工作鞋在消毒液中浸泡时间至少达 1 分钟。

C. 工作人员在通过消毒池之前先把工作鞋上的粪便刷洗干净，否则不能彻底杀菌。

D. 消毒池要有足够深度，最好达 15 厘米深，使鞋子全面接触消毒液。

E. 消毒液要保持新鲜，一般大单位（工作人员 45 人以上）最好每天更换 1 次消毒液，小单位可每 7 天更换 1 次。

④ 衣服消毒要从上到下，普遍进行喷雾，使衣服达到潮湿的程度。用过的工作服，先用消毒液浸泡，然后进行水洗。

（2）出入车辆的消毒

① 消毒药物　车辆消毒一般可使用博灭特、百毒杀、强力消毒王、优氯净、过氧乙酸、苛性钠、抗毒威及农福等。

② 消毒方法　为了便于消毒，大、中型养殖场可在大门口设置与门同等宽的自动化喷雾消毒装置。小型养殖场设喷雾消毒器，对出入车辆的车身和底盘进行喷雾消毒。消毒槽（池）内铺浸消毒液的草垫，供车辆通过时进行轮胎消毒。车辆消毒应选用对车体涂层和金属部件无损伤的消毒剂，强酸性的消毒剂不适用于车辆消毒。

（3）出入器具设备的消毒

① 消毒药物　进入生产区的各种物品、用具、工具及药品等，要通过专用消毒间消毒后才能进入兔舍内使用。常用紫外线灯光照射或熏蒸的方法进行消毒。每立方米的消毒空间，用 36％甲醛溶液 28 毫升、高锰酸钾 14 克，混合一起，封闭熏蒸 24 小时。

生产区内的专用运送饲料车与运兔车等，每次使用前后都要冲洗干净并进行消毒，可选用 0.5％强力消毒灵、1∶1 000 消毒威、0.3％过氧乙酸溶液等进行喷雾消毒。

② 消毒方法　用具消毒设备由淋浴和消毒两部分组成。在消毒槽内设有蒸汽装置，用以进行消毒液加温。消毒液须在每天开始

作业前更换，同时拔掉槽底的塞子，将泥土、污物等排出洗净。消毒液经蒸汽加温，冬季一般保持在 60 ℃ 左右，消毒效果较好。温度过高易烫伤消毒作业人员，浪费燃料。配制消毒液时必须合理计算，按要求配制。消毒时注意保持消毒液的浓度、温度与作用时间。消毒液的温度一般保持在 50～60 ℃，浸泡时间为 15～20 分钟，多数细菌和病毒可被杀死。要注意适时更换消毒液。容器内外常附着粪便和其他有机物，需充分进行水洗，如不洗干净，一些病原微生物不能彻底消灭，会降低消毒效果。

（4）人工授精器械的消毒 人工授精需要集精杯、采精器和授精器及其他用具，使用前需要进行彻底清洁消毒，每次使用后要清洗干净并消毒以备后用。

① 新购器具消毒 新购的玻璃器具常附着有游离的碱性物质，可先用去污剂浸泡和洗刷，然后用自来水洗干净，浸泡在 1%～2% 盐水溶液中 4 小时，再用自来水冲洗后用蒸馏水洗 2～3 次，放在 100～130 ℃ 的干燥箱内烘干备用。

② 使用过程消毒 每次使用后的集精杯、采精器浸在清水中，用毛刷或鸡毛细心刷洗，用自来水冲洗干净后放在干燥箱内高温消毒备用；或用蒸馏水煮沸 0.5 小时，晾干备用。授精器应该反复吸水冲洗，然后再用自来水冲洗干净并煮沸消毒，或浸在 0.1% 的新洁尔灭溶液中过夜消毒，第二天再用蒸馏水洗净，晾干备用。

2. 兔舍的清洁消毒

（1）兔舍消毒应遵循的原则

① 所选用的消毒剂应与清洁剂相溶。如果所用清洁剂含有阳离子表面活性剂，则消毒剂中应没有阴离子物质（酚类及其衍生物如甲酚不能与非离子表面活性剂和阳离子物质如季铵盐相溶）。

② 化学消毒应在非常清洁的表面进行，因为残留的有机物有可能使消毒剂效果降低甚至失活。

③ 在固定地点进行设备清洁和消毒更有利于卫生管理。

④ 用高压冲洗器进行消毒时，所选压力应低一些。

⑤ 经化学药液消毒后再熏蒸消毒，能获得最佳的消毒效果。

(2) 兔舍的清洁 使用合理的清理程序能有效地清洁畜禽舍及相关环境。好的清洁工作应能清除场内 80% 的微生物，有助于消毒剂更好地杀灭余下的病原。

兔舍清理程序：

① 移走动物并清除地面和裂缝中的粪便和其他有机物后，将消毒剂直接喷洒于舍内各处。

② 彻底清理更衣室、卫生隔离栏栅和其他与兔舍相关场所；彻底清理饲料输送装置、料槽、饲料贮器和运输器以及称重设备。

③ 将在兔舍内无法清洁的设备拆卸至临时场地进行清洗，并确保其清洗后的排放物远离兔舍；将废弃的垫料移至兔场外，如需存放在场内，应尽快严密地盖好以防被昆虫利用。

④ 取出屋顶电扇，以便更好地清理其插座和转轴。在墙上安装的风扇可直接清理，但应能有效地清除污物。对不能用水来清洁的设备，应干拭后加盖塑料防护层。将饮水系统排空、冲洗后，灌满清洁剂并浸泡适当的时间后再清洗。

⑤ 清除在清理结束并干燥后的兔舍中所残留粪便和其他有机物。泥地板应用清洁剂溶液浸泡 3 小时以上，再用高压水枪冲洗。特别注意浸泡不同材料的连接点和墙与屋顶的接缝，以使消毒液能有效地深入其内部。饲喂系统和饮水系统也同样用泡沫清洁剂浸泡 30 分钟后再冲洗。应用高压水枪时，出水量应足以迅速冲掉泡沫及污物，但注意不要把污物溅到清洁过的表面上。泡沫清洁剂能更好地吸附在天花板、风扇转轴和墙壁的表面，浸泡约 30 分钟后，用水冲净。由上往下，用可四周转动的喷头冲洗屋顶和转轴，用平直的喷头冲洗墙壁。

⑥ 清理供热装置的内部，以免当兔舍再次升温时，蒸干的污物碎片被吹入干净的房舍；注意水管、电线和灯管的清理。

⑦ 以同样的方式清洁和消毒兔舍的每个房间，清除地板上残留的水渍。并检查所有清洁过的房屋和设备，看是否有污物残留。清洗错漏过的设备。

⑧ 重新安装好兔舍内设备，包括通风设备。关闭房舍，给需

要处理的物体（如进气口）表面加盖好可移动的防护层。

⑨ 清洗工作服和靴子。

（3）兔舍的消毒步骤

① 清洁　按照上面的清洁程序进行清洁。

② 冲洗　用高压水枪冲洗兔舍的墙壁、地面、屋顶和不能移出的设备用具，不留一点污垢，不能冲洗的设备可以使用抹布擦净上面的污垢。

③ 喷洒消毒药　兔舍冲洗干燥后，用 5％～8％的氢氧化钠溶液喷洒地面、墙壁、屋顶、笼具、饲槽等 2～3 次，用清水洗刷饲槽和饮水器。其他不易用水冲洗和氢氧化钠消毒的设备可以用其他消毒液涂擦。

④ 移出的设备消毒　将兔舍内移出的设备用具放到指定地点，先清洗再消毒。能够放入消毒池内浸泡的，最好放在 3％～5％的氢氧化钠溶液中浸泡 3～5 小时；不能放入池内的，可以使用3％～5％的氢氧化钠溶液彻底全面喷洒。消毒 2～3 小时后，用清水清洗，放在阳光下曝晒备用。

⑤ 熏蒸消毒　能够密闭的兔舍，将移出的设备和需要的设备用具移入舍内，密闭熏蒸后待用。

3. 带兔消毒

带兔消毒就是对饲养有家兔的舍内一切物品及兔体、空间用一定浓度的消毒液进行喷洒或熏蒸消毒，以清除舍内的多种病原微生物，阻止其在舍内累积。带兔消毒是现代集约化饲养条件下综合防疫的重要组成部分，是控制兔舍内环境污染和疫病传播的有效手段之一。实践证明，坚持每天或隔天对兔群进行喷雾消毒，可以大大减少疫病发生的可能。

（1）带兔消毒药物的选择

① 带兔消毒药物的选用原则

A. 有广谱的杀菌能力。

B. 有较强的消毒能力。所选用的消毒药能够在短时间内杀灭入侵养殖场的病原。病原一旦侵入动物机体消毒药将无能为力。同时消毒能力的强弱也体现在消毒药的穿透能力上，所以消毒药要有一定的穿透能力，才能真正达到杀灭病原的目的。

C. 价格要低廉，使用方便。养兔场应尽可能地选择低价高效的消毒药。消毒药的使用应尽可能方便，以降低不必要的开支。

D. 性质稳定，便于贮存。每个养殖场都贮备有一定数量的消毒药，且消毒药在使用以后还要求可长时间地保持杀菌能力，这就要求消毒药本身性质稳定，在存放和使用过程中不易被氧化和分解。

E. 对家兔机体毒性小。在杀灭病原的同时，不能造成工作人员和兔中毒。

F. 无腐蚀性和无毒性。目前，养殖业所使用的养殖设备大多采用金属材料制成，在选用消毒药时，特别要注意消毒药的腐蚀性，以免造成兔舍设备生锈。同时也应避免消毒引起的工作人员衣物蚀烂、皮肤损伤。带兔消毒，舍内有家兔存在，消毒药液要喷洒、喷雾或熏蒸，如果毒性大，可能损害家兔。

G. 不受有机物的影响。兔舍内脓汁、血液、机体的坏死组织、粪便和尿液等的存在，往往会降低消毒药物的消毒能力。选择消毒药时，应尽可能选择那些不受有机物影响的消毒药。

H. 无色无味，对环境无污染。有刺激性气味的消毒药易引起家兔的应激，有色消毒药不利于兔舍的清洁卫生。

② 常用的带兔消毒药　带兔消毒药物种类较多，以下消毒药效果较好：

A. 百毒杀　为广谱、速效、长效消毒剂，能杀死细菌、霉菌、病毒、芽孢和球虫等，效力可维持10～14天。0.015%百毒杀用于日常预防性带兔消毒，0.025%百毒杀用于发病季节的带兔消毒。

B. 强力消毒灵　是一种强力、速效、广谱、对人畜无害、无刺激性和腐蚀性的消毒剂。易于储运、使用方便、成本低廉、不使衣物着色是其最突出的优点。它对细菌、病毒、霉菌均有强大的杀灭作用。按比例配制的消毒液，不仅用于带兔消毒，还可进行浸泡、熏蒸消毒。带兔消毒浓度为 $0.5\% \sim 1\%$。

C. 过氧乙酸 为广谱杀菌剂，消毒效果好，能杀死细菌、病毒、芽孢和真菌。$0.3\% \sim 0.5\%$ 溶液带兔消毒，还可用于水果、蔬菜和食品表面消毒。本品稀释后不能久贮，应现配现用，以免失效。

D. 新洁尔灭 有较强的除污和消毒作用，可在几分钟内杀死多数细菌。0.1% 新洁尔灭溶液用于带兔消毒，使用时应避免与阳离子活性剂（如肥皂等）混合，否则会降低效果。

另外，还有益康、爱迪伏、百菌毒净、抗毒威等。

③ 带兔消毒的方法

A. 喷雾法或喷洒法 消毒器械一般选用高压动力喷雾器或背负式手摇喷雾器，将喷头高举空中，喷嘴向上以画圆方式先内后外逐步喷洒，使药液如雾一样缓慢下落。要喷到墙壁、屋顶、地面，以均匀湿润和家兔体表稍湿为宜，不得直喷兔体。喷出的雾粒直径应控制在 $80 \sim 120$ 微米，不要小于 50 微米。雾粒过大易造成喷雾不均匀和兔舍太潮湿，且在空中下降速度太快，与空气中的病原微生物、尘埃接触不充分，起不到消毒的作用；雾粒太小则易被家兔吸入肺泡，引起肺水肿，甚至引发呼吸道病。同时必须与通风换气措施配合起来。喷雾量应根据兔舍的构造、地面状况、气象条件适当增减，一般按 $50 \sim 80$ 毫升/米³ 计算。

B. 熏蒸法 熏蒸法是对化学药物进行加热使其产生气体，达到消毒的目的。常用的药物有食醋或过氧乙酸。每立方米空间使用 $5 \sim 10$ 毫升的食醋，加 $1 \sim 2$ 倍的水稀释后加热蒸发；$30\% \sim 40\%$ 的过氧乙酸，每立方米用 $1 \sim 3$ 克，稀释成 $3\% \sim 5\%$ 溶液，加热熏蒸，室内相对湿度要在 $60\% \sim 80\%$。若达不到此数值，可采用喷热水的办法增加湿度，密闭门窗，熏蒸 $1 \sim 2$ 小时，打开门窗通风。

（2）带兔消毒的注意事项

① 消毒前进行清洁。带兔消毒的着眼点不应限于家兔体表，应包括整个家兔所在的空间和环境，否则就不能全面杀灭病原微生物。先对消毒的兔舍环境进行彻底的清洁，如清扫地面、墙壁和天

花板上的污染物，清理设备用具上的污垢，清除光照系统（电源线、光源及罩）、通风系统上的尘埃等，以提高消毒效果和节约药物的用量。

② 正确配制及使用消毒药。带兔消毒过程中，根据兔群体状况、消毒时间、喷雾量及方法等，正确配制和使用药物。

③ 不要随意增高或降低药物浓度，有的消毒药要现配现用，有的可以放置一段时间，按消毒药的说明要求进行，配好的消毒药不要放置过长时间再使用。如过氧乙酸是一种消毒作用较好、价廉、易得的消毒药，按正规包装应将 30％过氧化氢及 16％醋酸分开包装（称为二元包装或 A、B 液，用前将两者等量混合），放置 10 小时后即可配成 0.3％～0.5％的消毒液，A、B 液混合后在 10 天内效力不会降低，但 60 天后消毒力下降 30％以上，存放时间愈长愈易失效。选择带兔消毒药时，要有针对性地选择，不要随意将几种不同的消毒药混合使用，否则会导致药效降低，甚至失效。选择 3～5 种不同的消毒剂交替使用，因不同消毒剂抑杀病原微生物的范围不同，交替使用可以相互补充，杀死各种病原微生物。

④ 注意稀释用水。配制消毒药液应选择杂质较少的深井水或自来水。寒冷季节水温要高一些，以防家兔受凉而患病；炎热季节水温要低一些，并选在气温最高时，以便消毒的同时起到防暑降温的作用。喷雾用药物的浓度要均匀，必须由兽医人员按说明配制，对不易溶于水的药应充分搅拌使其溶解。

⑤ 免疫接种时慎用带兔消毒。消毒药可能降低疫苗效价。在饮水、气雾免疫时，前后 2 天内不要进行带兔消毒，避免降低免疫效果。

4. 水源的消毒

(1) 饮用水的消毒处理 水的消毒方法分为两类：物理法和化学法。

① 物理消毒法 有煮沸消毒法、紫外线消毒法、超声波消毒法、磁场消毒法、电子消毒法等。

② 化学消毒法 是使用化学消毒剂对饮用水进行消毒，是养

殖场饮用水消毒的常用方法。

目前，常用的饮用水消毒剂主要有氯制剂、碘制剂和二氧化氯。

A. 氯制剂　在养殖场常用于饮用水消毒的氯制剂有漂白粉、二氯异氰尿酸钠、漂白粉精等，其中前两者使用较多。漂白粉含有效氯25%～32%，价格较低，应用较多，但其稳定性差，遇日光、热、潮湿等分解加快，保存过程中有效氯含量每日损失量为0.5%～3.0%，影响其在水中的有效消毒浓度。二氯异氰尿酸钠中含有效氯60%～64.5%，性质稳定，易溶于水，杀菌能力强于大多数氯胺类消毒剂。氯制剂溶解于水中后产生次氯酸而具有杀菌作用，杀菌谱广，对细菌、病毒、真菌孢子、细菌芽孢均有杀灭作用。氯制剂的使用浓度和作用时间、水的酸碱度和水质、环境和水的温度、水中有机物等都可影响氯制剂的消毒效果。

B. 碘制剂　可用于饮用水消毒的碘制剂有碘元素（碘片）、有机碘和碘伏等。碘片在水中溶解度极低，常用2%碘酒来代替；有机碘化合物含活性碘25%～40%。碘及其制剂具有广谱杀灭细菌和病毒的作用，但对细菌芽孢和真菌的杀灭能力略差。其消毒效果受到水中有机物、酸碱度和温度的影响，碘伏易受到其颉颃物的影响，可使其杀菌作用减弱。

C. 二氧化氯　二氧化氯是目前消毒饮用水最为理想的消毒剂。二氧化氯具有良好的除臭与脱色能力、低浓度下高效杀菌和杀病毒能力。二氧化氯用于水消毒，其浓度为0.5～1毫克/升时，1分钟内能将水中99%的细菌杀灭，灭菌效果为氯气的10倍、次氯酸钠的2倍，抑制病毒的能力也比氯高3倍、比臭氧高1.9倍。二氧化氯还有杀菌快速，pH范围广（6～10），不受水硬度和盐分多少的影响，能维持长时间的杀菌作用，能高效率地消灭原生动物、孢子、霉菌、水藻和生物膜，不生成氯代酚和三卤甲烷，能将许多有机化合物氧化，从而降低水的毒性和诱变性质等多种特点。但是二氧化氯制剂价格较高，大量用于饮用水消毒会增加消毒成本。目前常用的二氧化氯制剂有二元制剂和一元制剂两种。

（2）水的人工净化　畜牧场用水量较大，天然水质很难达到《无公害食品　畜禽饮用水水质》（NY 5027—2008）要求以及畜牧场人员《生活饮用水卫生标准》（GB 5749—2006）要求，因此针对不同的水源条件，经常要进行水的净化与消毒。水的净化有沉淀（自然沉淀及混凝沉淀）、过滤、消毒和其他特殊的净化处理措施。沉淀和过滤不仅可以改善水质的物理性状，除去悬浮物质，而且能够清除部分病原体。消毒的目的主要是杀灭水中的各种病原微生物，保证畜禽饮水安全。一般来讲可根据牧场水源的具体情况，选择相应的净化消毒措施。

地面水常含有泥沙等悬浮物和胶体物质，比较浑浊，细菌含量较多，需要采用混凝沉淀、砂滤和消毒法来改善水质，才能达到《无公害食品　畜禽饮用水水质》（NY 5027—2008）要求。地下水相对较为清洁，只需消毒处理。有时水源水质较特殊，则应采用特殊处理法（如除铁、除氟、除臭、软化等）。

①混凝沉淀　从天然水源取水时，当水流速度减慢或静止时，水中原有悬浮物可借本身重力逐渐向水底下沉，使水澄清，称为"自然沉淀"。但水中软细的悬浮物及胶质微粒，因带有负电荷，彼此相斥不易凝集沉降。因此必须加入明矾、硫酸铝和铁盐（如硫酸亚铁、氯化铁）等混凝剂，与水中的重碳酸盐生成带正电荷的胶状物，带正电荷的胶状物与水中原有的带负电荷的极小的悬浮物及胶质微粒凝聚成絮状物而加快沉降，此称"混凝沉淀"。这种絮状物表面积和吸附力均较大，可吸附一些不带电荷的悬浮微粒及病原体而加快沉降，使水的物理性状大大改善，一般可减除70%～95%的悬浮物，可减少90%左右的病原微生物。该过程主要形成氢氧化铝和氢氧化铁胶状物。

混凝沉淀的效果与一系列因素有关，如浑浊度大小、温度高低、混凝沉淀的时间长短和不同的混凝剂用量。可通过混凝沉淀试验来确定，普通河水用明矾时，需40～60毫克/升，浑浊度低的水以及在冬季水温低时，往往不易混凝沉淀。此时可投加助凝剂，如硅酸钠等，以促进混凝。

② 砂滤 砂滤是把浑浊的水通过砂层，使水中悬浮物、微生物等阻留在砂层上部，水即得到净化。砂滤的基本原理是阻隔、沉淀和吸附作用。滤水的效果决定于滤池的构造、滤料粒径的适当组合、滤层的厚度、滤过的速度、水的浑浊和滤池的管理情况等因素。

集中式给水的过滤，一般可分为慢砂滤池和快砂滤池两种。目前大部分自来水厂采用快砂滤池，而简易自来水厂多采用慢砂滤池。

分散式给水的过滤，可在河或湖边挖渗水井，使水经过地层自然滤过，改善水质。如能在水源和渗水井之间挖一砂滤沟，或建筑水边砂滤井，则能更好地改善水质。此外，也可采用砂滤缸或砂滤桶来过滤。

（3）供水系统的清洗消毒 供水系统应定期冲洗（通常每周1～2次），防止水管中沉积物的聚积。可先采用高压水冲洗供水管道内腔，而后加入清洁剂，约1小时后排出药液，再以清水冲洗。清洁剂通常分为酸性清洁剂（如柠檬酸、醋等）和碱性清洁剂（如氨水）两类，使用清洁剂可除去供水管道中沉积的水垢、锈迹、水藻等，并与水中的钙、镁离子相结合。此外，在采用经水投药防治疾病时，于经水投药之前2天和用药之后2天，也应使用清洁剂清洗供水系统。

洪水期或不安全的情况下，井水用漂白粉消毒。使用饮水槽的养殖场应每天更换2～3次饮水，保持饮水清洁，饮水槽和饮水器要定期清理消毒。

封闭的乳头饮水系统，可通过松开部分的连接点来确认其内部的污物。污物可粗略地分为有机物（如细菌、藻类或霉菌）和无机物（如盐类或钙化物）。可用碱性化合物或过氧化氢去除前者，用酸性化合物去除后者，但这些化合物都具有腐蚀性，使用时需注意防护。确认主管道及其分支管道均被冲洗干净。

封闭的乳头或杯形饮水系统，先用高压水冲洗，再将清洁液灌满整个系统，并通过闻每个连接点的化学药液气味或测定其 pH 来确认是否被充满。浸泡 24 小时以上，充分发挥化学药液的作用后排空系统，并用净水彻底冲洗。

开放的圆形和杯形饮水系统，用清洁液浸泡 2~6 小时，将钙化物溶解后再冲洗干净，如钙质过多，则必须刷洗。将带乳头的管道灌满消毒药，浸泡一定时间后冲洗干净，并检查是否残留有消毒药；开放的部分可在浸泡消毒液后冲洗干净。

5. 污水与粪便的消毒处理

（1）污水的消毒处理

① 消毒药物的选择

A. 漂白粉　含 25%~32% 有效氯，价格较低，应用较多，但稳定性差，遇日光、热、潮湿等分解加快。

B. 生石灰　即 CaO，消毒原理是利用氧化钙和水反应生成氢氧化钙，同时放出大量的热，使水质呈强碱性，病原微生物的蛋白质遇到强碱、高温会变性，失去生物活性，导致病原微生物死亡，起到杀菌的作用。

② 消毒方法　被病原体污染的污水，可用沉淀法、过滤法、化学药品处理法等进行消毒。比较实用的是化学药品消毒法，方法是先将污水处理池的出水管关闭，将污水引入污水池后，加入化学药品（如漂白粉或生石灰）进行消毒。消毒药的用量视污水量而定（一般 1 升污水用 2~5 克漂白粉）。消毒后将闸门打开，使污水流出。

（2）粪便的消毒处理

① 消毒药物选择　粪便消毒选择的消毒药物主要是漂白粉和生石灰。

② 消毒方法　主要包括焚烧法、化学药品消毒法、掩埋法、干燥法和生物热消毒法。

A. 焚烧法　此方法是消灭一切病原微生物最有效的方法。焚烧的方法是在地上挖一个壕，深 75 厘米左右、宽 75~100 厘米。在距壕底 40~50 厘米处加一层铁梁（要较密些，否则粪便容易落下），在铁梁下面放置木材等燃料，在铁梁上放置欲消毒的粪便，如粪便太湿，可混合一些干草，便于迅速烧毁。此方法损失有用的肥料，且需要用很多燃料，故很少应用。

B. 化学药品消毒法　消毒粪便用的化学药品可使用含有2％～5％有效氯的漂白粉溶液、20％石灰乳，但此方法既麻烦又难达到消毒的目的，故实践中不常用。

C. 掩埋法　将污染的粪便与漂白粉或新鲜的生石灰混合，然后深埋于地下，埋的深度应达2米左右，此方法简便易行，在目前条件下较为实用。但病原微生物可能经地下水散布以及损失肥料是其缺点。

D. 生物热消毒法　这是一种最常用的粪便消毒法，应用这种方法，能使非芽孢病原微生物污染的粪便变为无害，且不丧失肥料的应用价值。粪便的生物热消毒通常有两种方法：一种是发酵池法，另一种为堆粪法。

a. 发酵池法　此法适用于规模较大的养殖场，多用于稀薄粪便的发酵。距农场200～250米以外无居民、河流、水井的地方挖2个或2个以上的发酵池（池的数量和大小决定于每天运出的粪便数量）。池可筑成方形或圆形，池的边缘与池底用砖砌后再抹以水泥，使其不透水。如果土质干枯、地下水位低，可以不用砖和水泥。使用时先在池底倒一层干粪，然后将每天清除出的粪便垫草等倒入池内，直到快满时，在粪便表面铺一层干粪或杂草，上面盖一层泥土封好。如条件许可，可用木板盖上，以利于发酵和保持卫生。粪便经上述方法处理后，经过1～3个月即可掏出作为肥料。在此期间，每天所积的粪便可倒入另外的发酵池，如此轮换使用。

b. 堆粪法　此法适用于干固粪便的处理。在距农牧场100～200米或以外的地方设一个堆粪场。堆粪的方法如下：将用于堆积粪便的地面进行硬化，长宽不限，随粪便多少确定。先将非传染性的粪便或垫草等堆至厚25厘米，其上堆放欲消毒的粪便、垫草等，然后在粪堆外再铺上厚10厘米的非传染性的粪便或垫草，如此堆放3周～3个月，即可用以肥田。当粪便较稀时应加些杂草，太干时倒入稀粪或加水，使其不稀不干，促进迅速发酵。

E. 干燥法　养殖过程产生的粪便，可通过粪便加工厂利用高温将湿粪加热或烘干，使水分迅速减少。粪便干燥法有机械干燥法和自然干燥法。机械干燥法主要有微波干燥法、热喷炉干燥法、转炉式干燥法、自走搅拌机干燥法等。一般干燥前，要先将粪便摊开晾晒，而后进行干燥处理。如配合固液分离机，将含水量高的粪便送入固液分离装置，可提高粪便处理效率，不受天气影响和少占场地。自然干燥法即每天将收集的粪便及时放置在晒粪场晒干，筛去杂质，捣碎后装袋。

F. 生产高效有机复合肥料　家兔粪便富含氮、磷、钾及多种微量元素，但粪便含水量大、使用不方便，养分含量不平衡、农作物利用效率低。利用家兔粪便生产有机复合肥料，可根据当地土壤的氮、磷、钾等多种微量元素的含量，及不同植物在不同时期的需求，添加适当的补充成分，生产全价有机复合肥料。制备过程大致为：干燥、粉碎、配合、混合搅拌、制粒、冷却或晾晒。

6. 尸体的消毒

(1) 焚烧法　焚烧是一种较完善的方法，但不能利用产品，且成本高，故不常用。但对危害人、畜健康的极为严重的传染病病兔的尸体，仍有必要采用此法。焚烧时，先在地上挖出十字形沟（沟长约 2.6 米，宽 0.6 米，深 0.5 米），在沟的底部放木柴和干草作引火用，于十字形沟交叉处铺上横木，其上放置病死兔尸体，兔尸四周用木柴围上，然后洒上煤油焚烧，尸体烧成黑炭为止。或用专门的焚烧炉焚烧。

(2) 高温法　此法是将家兔尸体放入特制的高温锅（温度达 150 ℃）内或有盖的大铁锅内熬煮，达到彻底消毒的目的。兔场也可用普通大锅，经 100 ℃ 以上的高温熬煮处理。此法可保留一部分有价值的产品，但熬煮的温度和时间，必须达到消毒的要求。

(3) 土埋法　是利用土壤的自净作用使其无害化。此法虽简单但效果不理想，因其无害化过程缓慢，某些病原微生物能长期生存，可污染土壤和地下水，造成 2 次污染，所以不是最彻底的无害化处理方法。采用土埋法，必须遵守卫生要求，埋尸坑远离兔舍、牧草地、居民点和水源，地势高且干燥，尸体掩埋深度不小于 2 米。掩埋前在坑底铺上 2～5 厘米厚的石灰，尸体投入后，再撒上石灰或洒上消毒药剂，埋尸坑四周最好设栅栏并做上标记。

（4）**发酵法** 将尸体抛入尸坑内，利用生物热的方法进行发酵，从而起到消毒灭菌的作用。尸坑一般为井式，深 9～10 米，直径 2～3 米，坑口有 1 个木盖，坑口高出地面 30 厘米左右。将尸体投入坑内，堆到距坑口 1.5 米处，盖封木盖，经 3～5 个月发酵处理后，尸体即可完全腐败分解。

在处理家兔尸体时，不论采用哪种方法，都必须将病兔的排泄物、各种废弃物等一并进行处理，以免造成环境污染。

7. 发生传染病后的消毒

发生传染病后，养殖场病原数量大幅增加，疫病传播流行会更加迅速，为控制疫病传播流行及危害，需更加严格地消毒。疫情暴发期间，消毒是以消灭病兔所散布的病原为目的。病兔所在的兔舍、隔离场地、排泄物、分泌物及被病原微生物污染和可能被污染的一切场所、用具和物品等都是消毒的重点。在实施消毒过程中，应根据传染病病原体的种类和传播途径的区别，抓住重点，保证消毒的实际效果。如肠道传染病消毒的重点是家兔排出的粪便以及被污染的物品、场所等；呼吸道传染病则主要是消毒空气、分泌物及污染的物品等。

（1）**一般场所消毒**

① 5％的氢氧化钠溶液，或 10％的石灰乳溶液对养殖场的道路、兔舍周围喷洒消毒，每天 1 次。

② 15％漂白粉溶液、5％的氢氧化钠溶液等喷洒兔舍地面、畜栏，每天 1 次。带兔消毒，用 1∶400 的益康溶液、0.3％农家福、0.5％～1％的过氧乙酸溶液喷雾，每天 1 次。

③ 粪便、粪池、垫草及其他污物用化学法或生物热法消毒。

④ 出入人员脚踏消毒液，紫外线照射消毒。消毒池内放入 5％氢氧化钠溶液，每周更换 1～2 次。

⑤ 其他用具、设备、车辆用 15％漂白粉溶液、5％氢氧化钠溶

液喷洒消毒。

⑥ 疫情结束后，进行全面消毒1～2次。

（2）污染场所及污染器具消毒

① 污染物处理　对所有病死家兔、被扑杀家兔及其产品（包括肉、皮、精液、毛、内脏、骨、血等）按照《畜禽病害肉尸及其产品无害化处理规程》（GB 16548—1996）执行；对于家兔排泄物和被污染或可能被污染的垫料、饲料等物品均需进行无害化处理。被扑杀的家兔体内含有高致病性病原，如不将这些病原根除，让病兔扩散流入市场，势必造成高致病性、恶性病原的传播扩散，同时可能危害消费者的健康。为保证消费者的身体健康、有效控制疫病，必须对扑杀的家兔做焚烧深埋的无害化处理。家兔尸体需要运送时，应使用防漏容器，须有明显标志，并在动物防疫监督机构的监督下实施。

② 消毒

A. 家兔疫情发生时的消毒。各级疫病控制机构应配合农业部门开展工作，指导现场消毒，进行消毒效果评价。

a. 对死兔和宰杀的家兔、兔舍、家兔粪便进行终末消毒。对发病的养殖场或所有病兔停留或经过的圈舍用15%的漂白粉溶液（澄清溶液含有效氯5%以上，每平方米1 000克）、10%氢氧化钠溶液或5%甲醛溶液全面消毒。所有的粪便和污物清理干净并焚烧。器械、用具等可用5%氢氧化钠或5%甲醛溶液浸泡。

b. 对划定的动物疫区内家兔有密切接触者，在停止接触后应对人及其衣物进行消毒。

c. 对划定的动物疫区内的饮用水应进行消毒处理，对消毒较为困难的流动水体和较大水体等可以不消毒，但应严格进行管理。

d. 对划定的动物疫区内可能污染的物体表面在出封锁线时进行消毒。

e. 必要时对兔舍的空气进行消毒。

B. 家兔疫病病原感染人情况下的消毒。有些家兔疫病可以感染人并引起人的发病，如兔真菌病、兔衣原体病、兔附红细胞体病等。当人感染疫病时，各级疫病控制中心除应协助农业部门针对动物疫情开展消毒工作、进行消毒效果评价外，还应对疫点和病人或疑似病人污染或可能污染的区域进行消毒处理。

8. 兔体消毒

兔体消毒主要是兔体发生外伤时的消毒处理方法。

（1）外伤分类 外伤可分为新鲜创和化脓创。新鲜创可见出血、疼痛和创口裂开。因致伤原因和程度而异，有刺伤、咬伤和撕裂伤等。伤势有轻有重，轻者耳朵或皮肤破损、出血，重者耳撕裂、缺损，身体鳞伤，尤以臀部更甚，甚至睾丸下挂、流血，动脉大出血可引起死亡。化脓创患部疼痛、肿胀，局部增温，创口流脓或形成脓痂；有时会出现体温升高，精神沉郁，食欲减退。化脓性炎症消退后，创内出现肉芽，变为肉芽创。良好肉芽为红色、平整、颗粒均匀、较坚实、表面附有少量黏稠的灰白色脓性分泌物。

（2）治疗 轻伤，局部剪毛，涂擦 2％～5％碘酒即可痊愈。对新鲜创，首先是止血，除用压迫、钳夹、结扎等方法外，可局部应用止血粉；必要时全身应用止血剂，如安络血、维生素 K、氯化钙等。清创，先用消毒纱布盖住伤口，剪除周围被毛，用生理盐水或 0.1％新洁尔灭液洗净创围，用 3％碘酒消毒创围；除去纱布仔细清除创内异物和脱落组织，反复用生理盐水洗涤创内，并用纱布吸干，撒布磺胺粉或青霉素粉，之后包扎或缝合。创缘整齐，创面清洁，外科处理较彻底时，可行密闭缝合；有感染危险时，行部分缝合。伤口小而深或污染严重时，应及时注射破伤风抗毒素，应用抗生素。对化脓创，清洁创围后，用 0.1％高锰酸钾液、3％双氧水或 0.1％的新洁尔灭液冲洗创面，除去深部异物和坏死组织，排出脓汁，创内涂抹魏氏流膏或松碘流膏。对肉芽创，清理创面，用生理盐水轻轻清洗创面后，涂抹刺激性小、能促进肉芽及上皮生长的药物，如松碘流膏、大黄软膏或龙胆紫等。肉芽赘生时，可切除或用硫酸铜腐蚀。全身治疗可肌内注射青霉素 20 万国际单位、链霉素 20 万单位，每天 2 次。

(3) 常用外伤消毒药物

① 医用酒精的浓度为 75%，浓度过高或过低都不能用于皮肤消毒。酒精的刺激性强，不能用于大面积的伤口，也不能用于黏膜部位。对于较深的伤口，用酒精也不合适，因为难以到达伤口深处，存在破伤风感染的风险。如伤口污染不严重，可先用生理盐水冲洗，然后用酒精以伤口为中心向皮肤四周擦洗；如伤口污染严重，可先用双氧水冲洗，再用生理盐水冲洗，然后再用酒精消毒。

② 碘酒也叫碘酊，由碘、碘化钾溶解于酒精溶液而制成。碘酒有强大的杀菌作用，常用于擦伤、挫伤、割伤等一般外伤的消毒。但要注意，碘酒的刺激性较大，可能引发伤口产生强烈的烧灼疼痛感。此外，碘酒也不能与红药水同时使用，两者会发生反应生成碘化汞，容易汞中毒。

③ 双氧水消毒深伤口。双氧水主要成分是过氧化氢溶液。用于皮肤消毒的双氧水浓度较低（等于或低于 3%），可用来擦拭皮肤创伤面，起到清洁伤口和杀菌的作用。当皮肤出现伤口时，可先用双氧水清洁伤口，再使用其他皮肤消毒剂。

9. 妊娠期及哺乳期母兔与仔兔的消毒

(1) 产仔前产仔箱的消毒 使用碎草、稻壳或锯屑作垫料时，必须在产仔前 3 天用消毒液进行掺拌消毒。

产仔箱用肥皂水、洗衣粉水或碱水刷 1 遍，然后用消毒水再刷第 2 遍，最后用消毒水浸泡或刷洗消毒，日光暴晒后备用。

(2) 消毒药物的选择 产箱的消毒药物可选用 3%～5% 石炭酸溶液或 0.1% 的新洁尔灭溶液；垫草的消毒可选用博灭特 200 倍稀释液、10% 百毒杀 400 倍稀释液、新洁尔灭 1 000 倍稀释液、强力消毒王 500 倍稀释液、过氧乙酸 2 000 倍稀释液进行掺拌消毒。

(3) 消毒方法 每天检查产仔箱，如发现箱的下部及四角潮湿，或母兔在箱内大便，要及时清除，防止仔兔误食母兔粪便感染球虫病。晴天产箱多晒太阳，可起到消毒杀菌作用。定期消毒，经常更换垫草，清理巢箱，为仔兔创造一个干净舒适的环境。坚持每天打扫兔舍、兔笼，以消灭环境中的病原微生物，增强兔的体质。

10. 保障消毒效果的措施

（1）加强兔场的隔离和卫生管理

① 加强隔离和卫生

A. 隔离消毒设施

a. 隔离墙　养殖场周围（尤其是生产区周围）要设置隔离墙，墙体严实，高度 2.5～3 米，避免闲杂人员和其他动物随便进入养殖场。

b. 消毒池和消毒室　养殖场大门设置消毒池和消毒室（或淋浴消毒室），供进入人员、设备和用具的消毒。生产区中每栋建筑物门前要有消毒池。

有条件的养殖场要自建水井或水塔用管道接送到兔舍。

c. 设置封闭性垫料库和饲料塔　封闭性垫料库设在生活区和生产区的交界处，两面开门，墙上部有小通风窗，垫料直接卸到库内，使用时从内侧取出即可。场内最好设置中心料塔和分料塔，中心料塔在生活区和生产区的交界处，分料塔在各栋兔舍旁边。料罐车将直接打入中心塔，生产区内的料罐车再将中心塔的饲料转运到各分料塔。

d. 设立卫生间　为减少人员之间的交叉活动、保证环境的卫生和为饲养员创造较好的生活条件，在每个小区或者每栋兔舍都应设有卫生间。

B. 制定切实可行的卫生防疫制度。使养殖场的每个员工心中有数，严格按照制度进行操作，保证卫生防疫和消毒工作落到实处。卫生防疫制度主要应该包括如下内容：

a. 养殖场生产区和生活区分开，入口处设消毒池，设置专门的隔离室和兽医室。养殖场周围要有防疫墙或防疫沟，只设置一个大门入口，控制人员和车辆物品进入。设置人员消毒室，人员消毒室设置淋浴装置、熏蒸衣柜和场区工作服。

b. 进入生产区的人员必须淋浴，换上清洁消毒好的工作衣帽和靴方可入内，工作服不准穿出生产区，定期更换清洗消毒；进入的设备、用具和车辆也要消毒，消毒池的药液 2～3 天更换一次。

c. 生产区不准养猫、养狗，职工不得将宠物带入场内。

d. 对于死亡家兔的检查，包括剖检等工作，必须在兽医诊疗室内进行，或在距水源较远的地方检查，不准在兽医诊疗室以外的地方解剖尸体。剖检后的尸体以及死亡的家兔尸体应深埋或焚烧。在兽医诊疗室解剖尸体要做好隔离消毒。

e. 坚持自繁自养的原则。若确实需要引种，必须隔离30天，确认无病，并接种疫苗后方可调入生产区。

f. 做好兔舍和场区的环境卫生工作，定期进行清洁消毒。长年定期灭鼠，及时消灭蚊蝇，以防疾病传播。

g. 当某种疾病在本地区或本场流行时，要及时采取相应的防治措施，并要按规定上报主管部门，采取隔离、封锁措施。做好发病时家兔隔离、检疫和治疗工作，控制疫病范围，做好病后的净群消毒等工作。

h. 本场外出的人员和车辆必须经过全面消毒后方可回场。运送饲料的包装袋，回收后必须经过消毒，方可再利用，防止污染饲料。

i. 做好疫病的免疫接种工作。卫生防疫制度应该涵盖较多方面工作，如隔离卫生工作，消毒工作和免疫接种工作，所以制定的卫生防疫制度要根据本场的实际情况尽可能的全面系统、容易执行和操作，并且要做好管理和监督，保证一丝不苟地贯彻落实。

② 防鼠灭鼠　鼠类的生存和繁殖同环境和食物来源有直接的关系。如果环境良好，食物来源充足则鼠类可以大量繁殖；如果采取措施破坏其生存条件和食物来源，则可控制鼠类的生存和繁殖。

A. 防鼠

a. 防止鼠类进入建筑物。鼠类多从墙基、天棚、瓦顶等处窜入室内，在设计施工时注意：墙基最好用水泥制成，碎石和砖砌的墙基，应用灰浆抹缝；墙面应平直光滑，防止鼠类沿粗糙墙面攀登；砌缝不严的空心墙体，易使鼠类隐匿营巢，要填补抹平；为防止鼠类爬上屋顶，可将墙角处做成圆弧形；墙体上部与天棚衔接处应砌实，不留空隙；瓦顶房屋应缩小瓦缝和瓦、椽间的空隙并填实；用砖、石铺设的地面，应衔接紧密并用水泥灰浆填缝；各种管道周围要用水泥填平；通气孔、地脚窗、排水沟（粪尿沟）出口均应安装孔径小于1厘米的铁丝网，以防鼠类窜入。堵塞鼠类的通道，兔舍外的鼠类往往会通过上下水道和通风口处等的管道空隙进入兔舍，因此，对这些管道的空隙要及时堵塞，防止鼠类进入。兔舍和饲料仓库应是砖、水泥结构，设立防鼠沟，建好防鼠墙，门窗关闭严密，则老鼠无法打洞或进入。笼架及墙体抹光，堵塞孔隙。

b. 清理环境。鼠类喜欢黑暗和杂乱的场所。因此，兔舍和加工厂等地的物品要放置整齐、通畅、明亮，使鼠类不易藏身。兔舍周围的垃圾要及时清除，不能堆放杂物，任何场所发现鼠洞时都要立即堵塞。

c. 断绝食物来源。大量饲料应放置饲料袋内在离地面15厘米的台或架上，少量饲料应放在水泥结构的饲料箱或大缸中，并且要加金属盖，散落在地面的饲料要立即清扫干净，使鼠类无法接触到饲料，则鼠类会离开兔舍，反之，则鼠类会集聚到兔舍取食。

d. 改造厕所和粪池。鼠类可吞食粪便，这些场所极易吸引鼠类，因此，应将厕所和粪池改造成使鼠类无法接近粪便的结构，同时也使鼠类失去藏身躲避的地方。

B. 灭鼠

a. 器械灭鼠。器械灭鼠方法简单易行，效果可靠，对人、畜无害。灭鼠器械种类繁多，主要有夹、关、压、卡、翻、扣、淹、粘、电等。近年来还研究和采用电灭鼠和超声波灭鼠等方法，方法简便易行、效果确实、费用低、安全。

b. 熏蒸灭鼠。某些药物在常温下易气化为有毒气体或通过化学反应产生有毒气体，这类药剂通称熏蒸剂。利用有毒气体使鼠吸入而中毒致死的灭鼠方法称熏蒸灭鼠。

熏蒸灭鼠的优点：具有强制性，不必考虑鼠的习性；不使用粮食和其他食品，且收效快，效果一般较好；兼有杀虫作用；对家兔较安全。

缺点：只能在可密闭的场所使用；毒性大，作用快，使用不慎时容易中毒；用量较大，有时费用较高；熏杀洞内鼠时，需找洞、投药、堵洞，工效较低。本法使用有局限性，主要用于仓库及其他密闭场所的灭鼠，还可以灭杀洞内鼠。目前使用的熏蒸剂有两类：一类是化学熏蒸剂，如磷化铝等，另一类是灭鼠烟剂。

c. 毒饵灭鼠（化学灭鼠）。将化学药物加入饵料或水中，使鼠致死的方法称为毒饵灭鼠。毒饵灭鼠效率高、使用方便、成本低、见效快，缺点是能引起人、畜中毒，有些老鼠对药剂有选择性、拒食性和耐药性。所以，使用时须选好药剂和注意使用方法，以保证安全有效。

灭鼠药剂种类很多，主要有灭鼠剂、熏蒸剂、烟剂、化学绝育剂等。养殖场的鼠类以产仔室、饲料库、兔舍最多，是灭鼠的重点场所。投放毒饵时，规模化兔场，实行笼养，只要防止毒饵混入饲料中即可。在采用全进全出制的生产程序时，可结合舍内消毒时一并进行。鼠尸应及时清理，以防被畜误食而发生二次中毒。选用鼠长期吃惯了的食物作饵料，突然投放，饵料充足，分布广泛，以保证灭鼠的效果。

C. 灭鼠的注意事项

a. 灭鼠时机和方法选择。要摸清鼠情，选择适宜的灭鼠时机和方法，做到高效、省力。一般情况下，4～5月是各种鼠类觅食、交配期，也是灭鼠的最佳时期。

b. 药物选择。灭鼠药物较多，但符合理想要求的较少，要根据不同方法选择安全、高效、允许使用的灭鼠药物。如严禁使用的灭鼠剂（氟乙酰胺、氟乙酸钠、毒鼠强、毒鼠硅、伏鼠醇等）、已停产或停用的灭鼠剂（安妥、砒霜或白霜、灭鼠优、灭鼠安）、不再登记作为农药使用的消毒剂（士的宁、鼠立死、硫酸砣）等，严禁使用。

c. 注意人畜安全。

③ 防虫灭虫

A. 防虫灭虫方法

a. 环境卫生　搞好养殖场环境卫生，保持环境清洁、干燥，是减少或杀灭蚊、蝇等昆虫的基本措施。蚊虫需在水中产卵、孵化和发育，蝇蛆也需在潮湿的环境及粪便等废弃物中生长，因此应填平无用的污水池、土坑、水沟和洼地；保持排水系统畅通，对阴沟、沟渠等定期疏通，勿使污水储积；对贮水池等容器加盖，以防昆虫如蚊蝇等飞入产卵；对不能清除或加盖的防火贮水器，在蚊蝇孳生季节，应定期换水；永久性水体（如鱼塘、池塘等），蚊虫常孳生在水浅而有植被的边缘区域，修整边岸，加大坡度和填充浅湾，能有效地防止蚊虫孳生。兔舍内的粪便应定时清除，并及时处理，贮粪池应加盖并保持四周环境的清洁。

b. 物理杀灭 利用机械方法以及光、声、电等物理方法，捕杀、诱杀或驱逐蚊蝇。我国生产的多种紫外线光或其他光诱器，特别是四周装有电栅，通有将 220 伏变为 5 500 伏的 10 毫安电流的蚊蝇光诱器，效果良好。此外，还有可以发出声波或超声波将蚊蝇驱逐的电子驱蚊器等，都具有防虫效果。

c. 生物杀灭 利用天敌杀灭害虫，如池塘养鱼即可达到鱼类治蚊的目的。此外应用细菌制剂，如内毒素杀灭吸血蚊的幼虫，效果良好。

d. 化学杀灭 化学杀灭是使用天然或合成的毒物，以不同的剂型（粉剂、乳剂、油剂、水悬剂、颗粒剂、缓释剂等），通过不同途径（胃毒、触杀、熏杀、内吸等），毒杀或驱逐昆虫。化学杀虫法具有使用方便、见效快等优点，是当前杀灭蚊蝇等害虫的较好方法。

B. 防虫灭虫注意事项

a. 减少污染 利用生物或生物的代谢产物防治害虫，该方法对人畜安全，不污染环境，有较长的持续杀灭作用。如保护好益鸟、益虫等充分发挥天敌杀虫。

b. 杀虫剂的选择 不同杀虫剂有不同的杀虫谱，要有目的地选择。要选择高效、长效、速杀、广谱、低毒无害、低残留和廉价的杀虫剂。

（2）制定严格的消毒计划 实行生产专业化和采用全进全出的

饲养制度。专业化生产可以避免畜禽之间的混养，有利于疾病控制。采取"全进全出"的饲养制度使得养殖场能够做到净场和彻底的消毒，切断疾病传播的途径，从而避免患病家兔或病原携带者将病原传染给健康家兔。

制定全年工作日程安排、饲养、防疫及消毒操作规程，建立兔舍日记等各项工作记录和疫情报告制度。养殖场的卫生防疫制度，要明文张贴，由主管兽医负责监督执行。当某种疾病在本地区或本场流行时，要及时采取相应的防治措施，并要按规定上报主管部门，采取隔离、封锁措施。

（3）选择适宜的消毒方法

① 根据病原微生物选择　各种微生物对消毒因子的抵抗力不同，要有针对性地选择消毒方法。对于一般的细菌繁殖体、亲脂性病毒、螺旋体、支原体、衣原体和立克次氏体等对消毒剂敏感性高的病原微生物，可采用煮沸消毒或使用低效消毒剂等常规的消毒方法，如用苯扎溴铵、洗必泰等；对于结核杆菌、真菌等对消毒剂耐受力较强的微生物可选择中效消毒剂与高效的热力消毒法；对不良环境抵抗力很强的细菌芽孢需采用热力、辐射及高效消毒剂（醛类、强酸强碱类、过氧化物类消毒剂）等。真菌的孢子对紫外线抵抗力强，季铵盐类消毒剂对肠道病毒无效。

② 根据消毒对象选择　同样的消毒方法对不同性质物品的消毒效果不同。动物活体消毒要注意对动物体和人体的安全性和效果的稳定性；空气和圈、舍、房间等消毒可采用熏蒸；物体表面消毒可采用擦、抹、喷雾；小物体靠浸泡；触摸不到的地方可用照射、熏蒸、辐射。饲料及添加剂等均采用辐射，但要特别注意对消毒物品的保护，使其不受损害，例如毛皮制品不耐高温，对于食具、水具、饲料、饮水等不能使用有毒或有异味的消毒剂消毒。

③ 消毒的安全性　选择消毒方法应时刻注意消毒的安全性。例如，在人群、动物群集的地方，不要使用具有毒性和刺激性强的气体消毒剂，在距火源50米以内的场所，不能大量使用环氧乙烷类易燃、易爆类消毒剂。在发生传染病的地区和发生流行病的发病

场、群、舍，要根据卫生防疫要求，选择合适的消毒方法，加大消毒剂的消毒频率，以提高消毒的质量和效率。

（4）选择适宜的消毒剂 不同消毒物品对热、酸、碱、有机溶剂等的耐受性不同，在选择消毒剂的时候需要考虑消毒物品的性质，以达到能保护消毒物品不受损坏，又可使消毒剂易于发挥作用的目的。

（5）正确的操作

① 消毒剂浓度的准确配制 不同的消毒剂需要根据使用说明配制合理的浓度，如果浓度过低或过高可能达不到消毒效果，而且浓度过高经济价值也会受到影响。例如，酒精又称乙醇，是最常用的皮肤消毒剂。不同浓度的酒精都是由高浓度（95％）酒精用蒸馏水稀释而成的，有不同的用途。75％的酒精用于灭菌消毒。75％的酒精与细菌的渗透压相近，可以在细菌表面蛋白未变性前逐渐不断地向菌体内部渗入，使细菌所有蛋白脱水、变性凝固，最终杀死细菌。酒精浓度低于75％时，由于渗透性降低，也会影响杀菌能力。

② 接触时间充足 消毒剂以及其他消毒方式在使用时需要和消毒物品接触足够的时间，否则会影响消毒效果。

11. 兽医室消毒

兽医诊疗室是养殖场的一个重要场所，在此进行疾病的诊断、病兔的处理等。兽医诊疗室内存放有诊疗器具。兽医诊疗室的消毒包括诊疗室的消毒和医疗器具消毒两个方面。兽医诊疗室的消毒包括诊断室、注射室、手术室、处置室和治疗室的消毒以及兽医人员的消毒，其消毒必须是经常性的和常规性的，如诊室内空气消毒和空气净化可采用过滤、紫外线照射（诊室内安装紫外线灯，每立方米2～3瓦）、熏蒸等方法；诊室内的地面、墙壁、棚顶可用0.3％～0.5％的过氧乙酸溶液或5％的氢氧化钠溶液喷洒消毒；兽医诊疗室的废弃物和污水也要处理消毒，废弃物和污水数量少时，可与粪便一起堆积生物发酵消毒处理；如果量大时，使用化学消毒剂（如15％～20％的漂白粉搅拌，作用3～5小时消毒处理）

消毒。

兽医诊疗器械及用品是直接与家兔接触的物品。用前和用后都必须按要求进行严格的消毒。根据器械及用品的种类和使用范围不同，其消毒方法和要求也不一样。一般对进入家兔体内或与黏膜接触的诊疗器械，如手术器械、注射器及针头、胃导管、导尿管等，必须经过严格的消毒灭菌；对不进入动物组织内也不与黏膜接触的器具，一般要求去除细菌的繁殖体及亲脂类病毒。

（二）消毒剂消毒效果评价方法及影响因素

1. 实验室消毒剂的消毒效果评价

（1）检测方法

① 消毒剂定性消毒试验　定性消毒试验是测定受消毒因子作用后的样本有无细菌生长的试验方法。用于对消毒因子灭菌效果的鉴定和消毒剂杀灭细菌效果的初步评价。

A. 将菌液进行活菌计数，并用稀释液配制成含菌量为 $5 \times 10^5 \sim 5 \times 10^6$ CFU/毫升的菌悬液。

B. 将灭菌试管 10 支排列于试管架上，标记管号。

C. 每个试管加灭菌蒸馏水 2.5 毫升，放（20±2）℃水浴中。

D. 于第 1 管内加适当浓度消毒液 2.5 毫升，混匀后取 2.5 毫升移入第 2 管，再次混匀，从第 2 管中取 2.5 毫升移入第 3 管，以此类推至第 9 管，混匀后弃去 2.5 毫升，第 10 管中不加消毒液作对照。

E. 加菌悬液 2.5 毫升于各管中，混匀并记录各管加菌时间。

各管分别于加菌后 4 个不同间隔时间，取出 0.5 毫升，加入 4.5 毫升中和剂内，中和 10 分钟后，取出 0.5 毫升加入 4.5 毫升营养肉汤管内。

F. 将接种细菌的肉汤管放 37 ℃培养 48 小时，观察初步结果，无菌生长管继续培养至第 7 天。

G. 试验重复 5 次。

② 消毒剂定量悬液试验　定量消毒试验是测定受消毒因子作

用后，样本残存微生物数量的试验方法，以杀灭率表示结果。用于对消毒剂杀灭效果的评价。

A. 将菌液进行活菌计数，并用稀释液稀释成含菌量为 $5 \times 10^5 \sim 5 \times 10^6$ CFU/毫升的菌悬液。

B. 将消毒剂用灭菌蒸馏水稀释成 3 个不同浓度，各吸取 4.5 毫升分别加入 3 支试管内，放（20 ± 2）℃水浴中。

C. 待试管内液体温度与水浴温度平衡后，在 3 支试管中分别加入 0.5 毫升菌悬液，混匀并开始计时。

D. 分别于 4 个不同时间间隔，各取 0.5 毫升菌液混合液移入 4.5 毫升中和剂中混匀。

E. 中和 10 分钟，作适当稀释后进行活菌计数。

F. 阳性对照以稀释液代替消毒液。

G. 杀灭率＝（对照组存活菌数－试验组存活菌数）/对照组存活菌数$\times 100\%$

H. 试验重复 5 次。

（2）结果判定

① 消毒剂定性消毒试验　若肉汤管混浊，则表示有菌生长，记为阳性，以＋表示。

若培养至第 7 天，肉汤管澄清，则表示无菌生长，记为阴性，以－表示。

对难以判定的肉汤管，取 0.1 毫升接种于营养琼脂平板，用灭菌玻棒涂匀，放 37 ℃培养 48 小时，观察菌落形态；并做涂片染色镜检，判断是否有指示菌生长。有指示菌生长记为阳性。

5 次试验，均无指示菌生长表示达到灭菌效果。

② 消毒剂定量悬液试验　5 次试验的杀灭率均≥99.9％判为消毒合格。

2. 影响消毒剂消毒效果的因素

（1）化学消毒剂的性质　不同的病原微生物，对消毒剂的敏感性有很大的差异，例如病毒对碱和甲醛很敏感，而对酚类具有抵抗力。大多数的消毒剂对细菌有杀灭作用，但对细菌的芽孢和病毒作用很小，因此在消毒时，应考虑致病微生物的种类，选用对病原体敏感的消毒剂。

(2) 消毒剂的浓度　一般情况下浓度越高其消毒效果越好，但势必造成消毒成本提高，对消毒对象的破坏也严重，而且有些药物浓度提高，消毒效果反而下降。所以，消毒剂应按其说明书的要求进行配制。

(3) 微生物的种类　微生物的种类不同，消毒剂对其消毒的效果不同，另外微生物数量的多少也会影响消毒效果。

(4) 温度及时间　一般来说，温度越高、时间越长效果越好。但易蒸发的卤素类碘剂与氯剂例外，加温至 70 ℃时会变得不稳定而降低消毒效力。许多常用温和消毒剂，冰点温度时毫无作用。在寒冷时，将消毒剂泡于温水（50～60 ℃）中使用消毒效果较好。甲醛熏蒸消毒时室温提高到 20 ℃以上效果较好。消毒时需注意被消毒对象表面的温度。

(5) 湿度　消毒环境相对湿度对气体消毒和熏蒸消毒的影响十分明显，湿度过高或过低都会影响消毒效果。

(6) 酸碱度（pH）　一方面 pH 对消毒剂本身的影响是会降低或提高消毒剂的活性；另一方面 pH 对微生物也有影响。

(7) 有机物　消毒环境中的有机物往往能抑制或减弱消毒因子的杀菌能力，一方面有机物包围在微生物周围，形成保护层；另一方面在化学消毒剂中，有机物本身也能通过化学反应消耗一部分化学消毒剂。各种消毒剂受有机物的影响不尽相同，二氧化氯受有机物影响较小。

（三）兔场消毒效果的评估

1. 空气消毒效果的检验

(1) 消毒前采样　将拟消毒房间的门窗关好，在无人的条件下经 10 分钟后，在室内的四角和中央，离地面垂直高度 0.8～1.5米，四周各点距墙 1.0 米，各放置一个 5‰绵羊血琼脂平皿，打开平皿盖，暴露 5～10 分钟后盖好平皿盖。

（2）消毒后采样　空气消毒达到规定的时间后，在消毒前采样的相同位置上，另放一组5％绵羊血琼脂平皿。放置方法和暴露时间与消毒前采样相同。同时取2个未经采样的5％绵羊血琼脂平皿作为阴性对照。

（3）计算菌落总数　将消毒前、后的样本和阴性对照样本，尽快送实验室，于37℃培养箱中培养48小时，然后计算菌落总数：

每立方米菌落数＝（50 000×培养皿菌落平均数）/（培养皿面积×采样时间）

杀灭率＝（消毒前菌落平均数－消毒后菌落平均数）/消毒前菌落平均数×100％

根据空气细菌总数的相关国家卫生标准来判定消毒是否合格。

2. 污染区消毒效果的检验

消毒前和消毒后1小时内，分别在圈舍地面、墙壁、饮水器、食槽等不同位置采样，取样时将无菌棉拭子于5毫升中和剂试管中沾湿，对面积为5厘米×5厘米区域涂抹采样，横竖往返均匀10次，并随之转动棉拭子。采样后，棉拭子剪去与手接触部位，置入生理盐水稀释液中，充分振荡混匀，将菌洗脱，适当稀释后，涂布5％绵羊血琼脂平皿，置于37℃培养箱中培养48小时，然后进行活菌计数。

菌落总数＝（培养皿上菌落平均数×稀释倍数）/采样面积

杀灭率＝（消毒前菌落平均数－消毒后菌落平均数）/消毒前菌落平均数×100％

（四）兔场消毒的误区

1. 消毒前不做清洁

清洁的环境是做好消毒灭菌的一个重要环节，消毒前如果不做好清洁，则污物覆盖在病原体上，化学消毒剂很难达到作用效果。清洁工作虽然不能直接杀灭病原体，但可以减少环境中病原体的数量，抑制微生物的增殖和寄生虫的发育，可提高消毒效果。

2. 带兔消毒的误区

（1）消毒前没有进行清洁。带兔消毒的着眼点不应限于家兔体表，而应包括整个家兔所在的空间和环境，先对消毒的兔舍环境进行彻底的清洁，以提高消毒效果和节约药物的用量，否则就不能全面杀灭病原微生物。

（2）没有正确配制及使用消毒药，随意增高或降低药物浓度。

（3）免疫接种时进行带兔消毒。

（4）使用杂质较多的水进行稀释。

（5）喷雾量过多或过少。喷雾量应根据兔舍的构造、地面状况、气象条件适当增减，以免喷雾过多兔舍地面潮湿引发呼吸道疾病，或者喷雾过少达不到消毒效果。

3. 消毒流于形式

病原微生物不仅在侵入兔机体后在体内繁殖致病，而且还能以多种方式向外排出，扩散成为疫源地和疫点。消毒的目的就在于清除或杀灭环境中的病原微生物，以保护动物健康与人类的生命安全。因此，消毒是防控疾病的重要措施。

科学有效的消毒工作，一方面要依据兔场自身的实际环境制定合理的消毒方案，另一方面依据消毒方案认真做好消毒工作，同时做好充分详细的消毒记录工作，做到有数据可查，减少失误出现的几率。

4. 过分依赖消毒

兔场经过消毒，并不能完全杀灭病原体。消毒效果的好坏与选用的消毒剂种类和消毒剂质量有关，且消毒剂对病原体并不能达到百分之百的杀灭作用，许多病原体可通过空气、蚊虫、鼠类等媒介传播，即使再严密的消毒措施也很难切断所有的传播途径。因此，除了进行严格的消毒外，还要加强饲养管理，有计划地进行免疫接种等。

三、疫苗使用技术

（一）疫苗的种类

1. 灭活疫苗

灭活疫苗（inactivated vaccine）是将免疫原性强的病原微生物，在合适的培养基增殖后，用物理或化学方法灭活，使其丧失致病性，但保留其免疫原性。某些菌株的代谢产物也可用于灭活疫苗的制备。灭活疫苗一般采用肌内或皮下注射方式接种，引起以体液免疫为主的免疫应答。由于灭活疫苗中的病原不能生长繁殖，因此比较安全，但需要多次接种才能产生比较持久的免疫力，且有的疫苗不良反应大。

灭活疫苗是传统疫苗，在动物传染病的防治上做出了重大的贡献。根据病原微生物的不同，灭活疫苗可分为病毒性灭活疫苗和细菌性灭活疫苗。灭活疫苗的制备过程包括疫苗毒（菌）株的培养、灭活剂的选择、灭活方法的使用以及疫苗乳化制备等几大步骤。灭活疫苗在生产过程中需要将强毒（菌）灭活，因此灭活不彻底则可能造成散毒，甚至引发重大事故。

灭活疫苗在兽医疫病防治上有着广泛的应用。当前我国在规模化猪场、鸡场等大量使用灭活疫苗，如口蹄疫、禽流感、副猪嗜血杆菌病等疫苗。

利用现代生物技术可以对免疫效果不佳、副作用大或者使用不便的灭活疫苗进行改进，如加强抗原含量及筛选新的菌（毒）株、研制和筛选新的灭活剂，寻找新的佐剂以激发机体的淋巴细胞反应等。

目前，国内兔用疫苗均为灭活疫苗，其结构一般为整个细菌或病毒等微生物个体，经灭活后制备而成。如兔病毒性出血症组织灭活疫苗，是用兔出血症病毒接种敏感兔，收获肝、脾等含毒组织制成乳剂，再以甲醛灭活后制备而成。

2. 亚单位疫苗

亚单位疫苗（subunit vaccine）是利用基因工程技术表达病原微生物的有效抗原成分（可为一种或几种抗原），或者直接提纯病原微生物中免疫原性蛋白与佐剂混合而成。该疫苗具有纯度高、产量大、免疫原性好等优点，克服了某些病原体难以培养而无法大量获得有效抗原的困难。其主要原理是克隆病毒或细菌编码的有效抗原基因，构建表达载体，将载体导入大肠杆菌、酵母菌、昆虫细胞等工程菌或细胞中进行蛋白表达，经纯化后配合适当佐剂用作疫苗。亚单位疫苗可以是细菌性疾病亚单位疫苗，如大肠杆菌菌毛亚单位苗、结核杆菌融合蛋白亚单位苗等；也可以是病毒性疾病亚单位疫苗，如口蹄疫 VP1 或 VP2 亚单位苗、流感病毒 HA 和 NA 蛋白疫苗等。

3. 活载体疫苗

活载体疫苗（live carrier vaccine）以非致病性病毒或细菌为载体，通过基因工程技术将病原微生物的免疫原性基因插入其中，构建重组病毒或细菌。根据载体在机体内的复制情况，活载体疫苗分为复制性活载体疫苗和非复制性活载体疫苗两类。复制性活载体疫苗其外源基因随着载体的复制而表达，从而使机体产生相应的保护性抗体，此类疫苗便于构建多价疫苗，建立鉴别诊断方法。目前研究成功的主要有以沙门氏菌和伪狂犬病毒为载体的活载体疫苗等。非复制性活载体疫苗其载体虽不能在体内复制，但外源免疫原性基因仍可在体内表达，刺激机体产生免疫应答。

活载体疫苗具有免疫效果好，以近似于自然感染的方式呈递抗原，从而促使机体产生体液免疫和细胞免疫，可构建多价苗或多联苗，具有免疫时间长、成本低等优点，已成为国内外疫苗研发的主要方向之一。

4. 核酸疫苗

核酸疫苗（nucleic acid vaccine）是继灭活疫苗、减毒疫苗、亚单位疫苗、基因缺失疫苗后于 20 世纪 90 年代研发出的新型疫苗。是将已插有编码特异性抗原蛋白的基因片段及具有真核表达调控元件的质粒 DNA（脱氧核糖核酸）直接导入细胞，利用宿主细胞表达目的抗原，从而引起宿主免疫应答。核酸疫苗包括 DNA 疫苗和 RNA（核糖核酶）疫苗，由于目前研究最多的为 DNA 疫苗，因此核酸疫苗也泛称为 DNA 疫苗。

核酸疫苗相较于其他疫苗具有多种优点：制备方法简单，成本低廉，稳定性好，存储运输方便；可经肌内注射、皮内注射、静脉注射等多种方法接种；抗原在宿主细胞内表达加工过程及抗原呈递过程与自然感染过程相似，诱导的免疫应答更有效；可在体内长期而稳定的表达，刺激机体免疫系统产生全面的免疫应答，同时诱导体液免疫和细胞免疫应答；可制备多价或多联苗等。但 DNA 疫苗也存在对宿主基因组的潜在影响，以及是否产生抗 DNA 抗体或自身免疫反应，外源抗原在体内持续表达是否引起不良后果等问题。

（二）兔场疫苗选择的原则

1. 选择正规厂家生产的疫苗

依据国家现行的《兽药管理条例》的规定，兔用疫苗必须经兽药 GMP（药品生产质量管理规范）认证的兔用疫苗生产车间生产，并取得国家农业部审定后核发的批准文号。因此应根据本场的免疫程序，选择购买通过农业部 GMP 认证生产企业和 GSP（药品经营质量管理规范）认证销售单位提供的有正规批准文号的疫苗。目前市场上使用的兔用疫苗品种有 10 余种，但具有国家批准文号的仅 5 种（见表 1），即兔病毒性出血症灭活疫苗，兔、禽多杀性巴氏杆菌病灭活疫苗，兔产气荚膜梭菌病灭活疫苗，兔病毒性出血症、多杀性巴氏杆菌病二联灭活疫苗，兔病毒性出血症、多杀性巴氏杆菌病、产气荚膜梭菌病三联灭活疫苗。除正规产品外，市场上非法产品盛行，如波氏杆菌苗、大肠魏氏二联苗、兔瘟魏氏二联苗、球虫苗等。经农业部批准生产兔用疫苗的正规厂家全国不到 10 家，但非法生产的单位及个人多达百余个，生产品种涉及有国家标准的产品和没有国家标准的产品，其中以生产兔瘟苗及其联苗为最多。非法生产者往往根据销售商的需要，将兔瘟单苗贴上兔瘟、巴氏二联苗，兔瘟魏氏二联苗，兔瘟、巴氏、魏氏三联苗标签销售给用户。更有些所谓的疫苗，其中只有一些抗菌药物。由于国家加强了管理，许多非法生产者的疫苗不贴标签，或标签上仅有疫苗的名称，无生产单位、地址、联系电话等，有的标签上还打着某某科研、教学单位、公司的牌子，而实际上这些单位本身并不一定生产。市场上疫苗质量鱼龙混杂，购买者往往有贪图便宜的心理，听信销售商"价格便宜，一样用"，经不住诱惑，买了假劣的疫苗使用，达不到免疫效果。

兽药批准文号是国家批准生产兽药产品的编号，可在中国兽药信息网上查询，《兽药管理条例》（中华人民共和国国务院令第404 号）对兽药批准文号作出了相应的规定。为使兽医兽药管理人员和兽药生产、经营、使用者掌握兽药批准文号的含义，识别真假兽药产品批准文号，现将新兽药产品批准文号的含义简要介绍如下：

根据农业部令第 45 号《兽药产品批准文号管理办法》第二十二条的规定：兽药产品批准文号的编制格式为："兽药类别简称＋年号＋企业所在地省份（自治区、直辖市）序号＋企业序号＋兽药品种编号"。其中兽用疫苗的批准文号格式为"兽药生字＋批准年号（4 位数）＋批准序号（9 位数）"。如南京天邦生物科技有限公司生产的兔瘟疫苗的批准文号为"兽药生字（2011）100996004"。其中（2011）是核发批准文号的年份，后面 9 位数中前两位"10"是企业所在省市自治区"江苏"的编号，中间三位"099"是生产企业"南京天邦生物科技有限公司"的编号，后四位是产品"兔瘟疫苗"的编号。

表1　具有国家批准文号的兔类疫苗

疫苗种类	企业名称	批准文号
兔病毒性出血症灭活疫苗	南京天邦生物科技有限公司	兽药生字（2011）100996004
	山东绿都生物科技有限公司	兽药生字（2012）151826004
	哈药集团生物疫苗有限公司	兽药生字（2011）080076004
	齐鲁动物保健品有限公司	兽药生字（2011）150256004
	中牧实业股份有限公司成都药械厂	兽药生字（2012）220056004
	成都川宏生物科技有限公司	兽药生字（2010）220526004
	山东华宏生物工程有限公司	兽药生字（2010）150106004
	湖北精牧兽医技术开发有限公司	兽药生字（2008）170336004
兔、禽多杀性巴氏杆菌病灭活疫苗	南京天邦生物科技有限公司	兽药生字（2010）100996008
兔产气荚膜梭菌病（A型）灭活疫苗	南京天邦生物科技有限公司	兽药生字（2010）100996001
	齐鲁动物保健品有限公司	兽药生字（2012）150256001
	山东绿都生物科技有限公司	兽药生字（2011）151826001
		兽药生字（2010）151826001
	哈药集团生物疫苗有限公司	兽药生字（2011）080076001
	山东华宏生物工程有限公司	兽药生字（2011）150106001
	青岛易邦生物工程有限公司	兽药生字（2011）150136001
兔病毒性出血症、多杀性巴氏杆菌病二联灭活疫苗	南京天邦生物科技有限公司	兽药生字（2011）100996014
	齐鲁动物保健品有限公司	兽药生字（2011）150256025
	中牧实业股份有限公司成都药械厂	兽药生字（2012）220056015
		兽药生字（2011）220056015
兔病毒性出血症、多杀性巴氏杆菌病、产气荚膜梭菌病（A型）三联灭活疫苗	南京天邦生物科技有限公司	兽药生字（2011）100996022
	齐鲁动物保健品有限公司	兽药生字（2011）150256026
	哈药集团生物疫苗有限公司	兽药生字（2011）080076021

2. 选择质量好的疫苗

疫苗质量的好坏对动物疫病免疫效果至关重要，选择安全、免疫效果好的疫苗是正确选择疫苗非常重要的因素。疫苗生产企业的人员、技术、设备、管理、诚信等诸多因素决定着疫苗质量。疫苗抗原含量不足、抗原不纯、灭活不完全、毒力返强、杂质过多、外源病毒或细菌污染、配比失衡、包装失当、乳化效果差、水分含量高、均匀度不好等现象均会影响疫苗质量，而直接影响免疫效果。疫苗注射后不能有过重的免疫应激反应和毒性。目前取得农业部兽用疫苗批准文号的兔用疫苗均为灭活疫苗，在选择不同种类兔用灭活疫苗时，除要重点关注免疫效果外，也要注意疫苗的安全性。虽然灭活疫苗制苗的细菌、病毒株由于灭活而失去感染性，但佐剂或疫苗本身含有毒素，注射疫苗时同样会引起不同程度的不良反应。如果疫苗本身的免疫原性差、毒性强，在给动物免疫接种时就会给动物造成不必要的副反应，引起免疫失败。在进行疫苗选择时，应注意选择抗原含量高、免疫保护期长、使用方便、安全性好的疫苗。严格执行 GMP 和 GSP 认证和管理规定的动物疫苗生产和经营的企业所生产的疫苗，在抗原含量、免疫保护期和安全性上较有保证。

3. 针对本场实际情况选择合适的疫苗

根据当地疾病流行情况及兔场的实际情况，选择合适的疫苗。所用的疫苗应该与所要预防的疾病类型相一致。应根据疾病流行的特点，包括疾病种类，流行强度及免疫兔的品种、年龄，不同传染病的周期性，季节性，结合本饲养场的具体情况，选择与之对应的疫苗才会起到应有的免疫效果。不能使用无批准文号或超过保质期的疫苗。取得国家批准文号的兔用疫苗，有单苗也有联苗，需根据本场的实际情况选择使用。巴氏杆菌、魏氏梭菌、大肠杆菌、葡萄球菌、波氏杆菌均为条件性致病菌，可通过加强饲养管理、搞好环境卫生等方式来减少这些病的发生。

取得国家批准文号的兔用疫苗主要预防的疾病种类为兔病毒性出血症（俗称：兔瘟）、兔巴氏杆菌病、产气荚膜梭菌（A 型）病

（魏氏梭菌病）三种。兔瘟单苗具有良好的抗原性，注射后的免疫效果比较理想。兔巴氏杆菌病疫苗对急性（败血型）巴氏杆菌病有较好的免疫效果，保护率可达75%以上，但对慢性巴氏杆菌病（如传染性鼻炎）效果较差，因为传染性鼻炎是由巴氏杆菌和波氏杆菌混合感染引起，只用其中一种疫苗，效果较差，还可能与巴氏杆菌本身抗原性稍差、血清型较多、病因较复杂有关。魏氏梭菌病疫苗具有较高的免疫保护率，可达80%以上，这种疫苗生产过程中的难点在于如何保证人工培养的细菌产生足够浓度的外毒素。与单苗相比，联苗的安全性和有效性与单苗分开来接种相比没有明显区别，但联苗的生产工艺要求更高。在选择适合本场的疫苗时，需了解单苗和联苗各自的优缺点。单苗的优点是免疫效果可靠，接种后反应较轻，缺点是增加疫苗接种的次数。联苗的优点是同时预防多种疾病，减少疫苗接种的次数，简化免疫程序，节省人力，缺点是成本较单苗高。另外，当需要紧急免疫接种时，如兔场受到兔瘟威胁或兔群部分感染兔瘟时，可选择兔瘟单苗进行紧急免疫接种，注射后3～4天后兔群能够停止发病，效果较好。

（三）疫苗使用及注意事项

1. 运输与保藏

疫苗的运输与保藏需符合《药品经营质量管理规范》（GSP）的要求，这是对药品流通过程中所有质量管理所制定的一整套管理标准和规程，核心是通过科学规范和严格的管理，对药品经营全过程实行质量控制，减少质量风险，防止质量事故发生，确保用药安全、有效。

（1）运输 冷链式运输是保证疫苗质量必不可少的条件。疫苗从工厂生产出来到实际使用，即在储藏、运输到使用过程中均应置于相应的疫苗冷藏、冷冻系统中保存，以维持疫苗的生物学活性。疫苗是由蛋白质或脂类、多糖等组成，其中的免疫活性物质起到抗原的作用。它们大多不稳定，易受外界因素的影响而发生变性和降解，失去原有的免疫原性，甚至形成有害物质而发生不良反应。温度越高，免疫活性物质越容易被破坏。大部分的抗原需要在一定的温度中保存和运输，如灭活苗一般在2～8℃条件下运输，夏季运输要采取降温措施，冬季运输要采取防冻措施，避免冻结。疫苗在运输中要求包装完整，防止损坏，条件许可时应将生物制品置于冷藏箱内运输。疫苗的整个运输过程都要避免日光暴晒，选择最快捷的运输方式，到达目的地后尽快送至保存场所。切忌将少量疫苗放在内衣口袋或握在手中带回，以免因体温的影响降低疫苗效力。

（2）**保藏**　兔场应固定疫苗管理人员，做好疫苗进出库台账，掌握冰箱、冰柜各层间的温度差距，记录疫苗贮藏温度、生产厂家、出厂日期、批号、保存期，认真做好管理台账。疫苗在购买及保存使用前都应详细检查是否符合性状要求。凡没有瓶签或瓶签模糊不清、过期失效、色泽异常、内有异物、发霉、瓶塞渗漏或瓶破裂等没有按规定要求保存的生物制品，都严格禁止使用，按规定无害化处理。管理人员每隔一段时间要测量冰箱各层的温度是否正常。

不同的生物制品要求不同的保存条件，应根据说明书的要求进行保存。保存不当，生物制品会失效，起不到应有的作用。一般生物制品应保存在低温、阴暗及干燥的地方，最好置冰箱中保存。现有兔用疫苗均为灭活疫苗，长期保存温度为2～8℃，适合于存放在冰箱的冷藏室中，严禁冻结。普通冻干苗、免疫血清、卵黄抗体等则应置低温冰箱中保存。在保存期内，只要保存条件好，使用质量是有保证的。由于兔用疫苗是灭活疫苗，在低温条件下，抗原有效期较长，不易失效，但高温则会加快疫苗失效，因此，灭活疫苗虽然不像活疫苗在较高温度下很快失效，但长期保存应注意保存在合适的温度条件下。短期保存也应尽可能放在避光、阴凉处。当没有好的保存条件，则购买疫苗时不要一次买太多，以免影响免疫效果。在不方便的情况下，灭活疫苗在25℃以下避光保存1～2个月，其免疫效果也不会有影响。集中免疫时，应当考虑疫苗在运输、储存和使用中的正常损耗，一般按照多出5%～10%的量准备疫苗。兔用灭活疫苗保存时不能冷冻，结冰后将导致疫苗的免疫效力下降，因此结冰后的兔用灭活疫苗最好不要使用，或可加大用量，作为短期预防用。此外，超过保质期的疫苗最好不要使用，以免发生免疫失败。

2．注射剂量、方法

由于饲养的目的不同，对免疫期的要求也不一样，要根据养殖单位自身的特点和各种疫苗的特性，制定合理的免疫程序。在疫苗的免疫接种中，要根据免疫程序制定合理的疫苗接种剂量和正确的接种方法。每种疫苗都有特定的接种剂量和接种途径，不按要求接种就可能引起免疫失败。未消毒的不可靠注射器、针头和滴管会使疫苗性能下降。因计算错误造成的免疫剂量过小会造成免疫水平低、剂量过大会出现免疫耐过，并且增加成本。

（1）**注射剂量** 根据本场制定的免疫程序及疫苗说明书的要求确定疫苗注射剂量。

（2）**注射方法** 目前，市场上国家批准的兔用疫苗均为灭活疫苗，一般采用皮下注射的免疫方式。先将疫苗充分摇匀，然后再抽取；选择家兔颈部皮肤比较松散的部位（如颈部皮下），75％酒精棉球对注射部位进行消毒；左手拇指和食指将该部位的皮肤提起，右手持注射器，45°角将针头刺入皮下约 1.5～2 厘米，左手松开并将疫苗注入。接种疫苗时动作要轻柔，减少兔的应激。注意控制疫苗的注射剂量，严格按照说明书的规定使用。特别需要注意的是，兔用灭活疫苗多为混悬液，静置后会很快沉淀，下沉的部分主要是抗原，如不混匀，各兔注射的抗原量多少不一，会出现同批兔免疫效果部分好、部分差。一些规模大的兔场，用连续注射器注射，装疫苗的瓶较大，很容易产生上述现象，注射过程中要经常摇动瓶子，保持其中的液体均匀一致。有时注射疫苗时兔子挣扎得厉害，注射针头从一侧皮肤扎进去，又从另一侧皮肤出来，疫苗根本未注入体内，造成免疫失败。一部分兔可能漏免，幼兔群养时最易出现，有的是因为后备兔未能同种兔一起参加定期免疫，到期后又未及时补免，超过免疫期后发生疾病。消毒不严格、注射过浅，注射部位有炎症等会导致抗原及佐剂流失，使免疫效果下降。

3. 免疫前的准备

（1）兔群的状态观察　注射疫苗是为了让动物体自身产生特异性免疫反应，从而达到在一定时期内免疫动物避免发生某种疾病的目的。由于动物本身存在个体差异，不同场饲养的动物体质也不同，且在目前养兔生产技术普遍水平较低，管理技术参差不齐的情况下，兔群整体状况可能会有较大差异，因此接种疫苗前，应正确掌握接种兔的机体状况，需对兔群进行体况检查。如遇到病弱、临产、长途运输等非正常情况，则不予注射。做好登记，待情况正常后进行补免。注射疫苗时兔如已发生疾病或处在疾病的潜伏期，注射疫苗后兔可能会死亡或应激发病，即使不发病，免疫效果也会不理想。在免疫注射初期不可使用免疫抑制药物，否则会影响免疫效果。

（2）注射器械的准备

① 选用无菌一次性注射器，或已煮沸消毒的注射器及针头进行免疫注射。采用煮沸消毒的注射器和针头时，先把要用的注射器与针头用清水洗净，将洗净的器械放入高压锅中高温高压作用 15 分钟，或者在常温常压下煮沸 30 分钟，可达到灭菌的目的。待冷却后放入灭菌器皿中备用。

② 注射器和针头的大小要适中，以便于操作。

③ 配制 75％酒精棉球用于疫苗注射部位的消毒。

4. 疫苗注射过程中的要点

为了有效地控制疫病的流行，使用疫苗时应注意以下几个方面：

（1）注射前应首先对疫苗进行检查，主要检查生产厂家名称、生产日期、批准文号、联系电话、使用说明、有效期等。观察瓶盖活塞是否松动、疫苗的色泽及沉淀等情况，经检查疫苗有效后方可使用。对破损或超过规定量的分层、有异物、有霉变、有异味、有摇不散的凝块、非真空包装等都不能使用。对已过期、失效的疫苗要进行无害化处理。

（2）做好器械消毒及注射部位消毒，接种时要求无菌操作。当疫苗紧急接种时，应一兔一针头，并认真对注射部位消毒，防止交叉感染。切记注射过的器械用酒精等消毒药来进行消毒。

（3）根据疫苗接种的需要，合理地选择针头。针头太大在接种完疫苗后，抽出针头时容易造成疫苗溢出，特别是皮下注射。注射时应细心观察注射情况，防止针头穿透皮肤，将疫苗注射到体外，造成打飞针的现象。也不可以将疫苗注入皮内、肌肉或其他组织器官内，引起不必要的损失。

（4）注意产品说明中疫苗使用的时间及温度。疫苗使用前要充分摇匀，然后再抽取，接种时严格按照疫苗使用说明书规定的接种剂量注射，不得随意增减，过多引起疫苗副反应，过少则不能产生有效的保护抗体，达不到预防效果。

（5）疫苗要避免阳光直射，疫苗开启后必须在短时间内用完，没有用完的疫苗应做废弃处理，不可留作下次使用。一次吸不完的瓶内疫苗，瓶塞上应固定一个消毒针头，专供吸取疫苗。吸取疫苗后不要拔出针头，用酒精棉球包裹，以便再次吸取疫苗。禁止用兔只注射过的针头吸取疫苗，防止疫苗被污染。接种结束后，接种器具及所有废弃物应按有关规定进行无害化处理。

（6）正常免疫接种一定要在兔群健康状态下进行，接种疫苗时动作要轻柔，以减少兔的应激。为保证接种动物的安全与接种效果，减少应激反应，在换料、运输、兔转群等不稳定情况以及体质不好、妊娠后期的家兔应暂缓注射，但应做好登记，待情况好转后再行补免。

（7）对数量较大的兔群接种免疫时，可先以少量兔只接种进行试验，观察无不良反应后再做大群免疫接种。

（8）对疫病正在流行地区的紧急预防接种，应在做好消毒、隔离的基础上，按由外围向中心，先健康群后受威胁群的顺序进行预防接种，对正在患病的家兔，有条件的应用抗血清或特效药物进行治疗抢救。

5. 免疫后的观察及副反应的紧急处理

疫苗接种是激发动物机体产生特异性抵抗力，使易感动物转为不易感动物的一种手段。但在疫苗接种时，经常出现正常反应外的其他不利于机体的反应，如废食、皮疹、休克、死亡等免疫应激。免疫应激一般由于接种疫苗时违规操作，或因品种、个体体质差异等诸多原因造成，需采取一定的急救措施。

（1）个别动物接种疫苗后出现轻度精神萎靡或不安，食欲减退，体温稍高等情况，但动物所处的环境栏舍清洁卫生，且注射部位不受感染，未发生严重的全身反应时，一般不需要治疗，留至1～2天后，症状即可自行减轻或消失，最好不要用任何药物。

（2）接种疫苗后出现食欲减退或废绝、全身性反应，变态反应如皮疹、荨麻疹，体温上升等症状，应用盐皮质激素，抗组胺类药物及适量的抗生素。

（3）接种疫苗后注射部位红肿、排脓的应用盐皮质激素加适量的抗生素。

（4）接种疫苗后出现休克，使用肾上腺素、尼可刹米、安钠咖等药物。

（5）对处于潜伏期、亚健康状态、患有慢性疾病的动物在紧急接种后可能出现偶合症、诱发症等症状，还应考虑对症治疗进行急救。

6. 免疫记录

免疫记录及其档案是兔群免疫工作的重要组成部分，规范的动物免疫记录及档案对保证免疫程序的正确实施，确保兔群良好的免疫效果，减少免疫失败的发生十分重要。为及时掌握本场内已接种疫苗的兔种类和接种疫苗的次数，执行免疫程序的情况，追溯疫苗的免疫质量，给兔群接种疫苗后，免疫相关人员要及时做好免疫记录。免疫接种的记录应详细、具体，记录内容应包括栏舍号、免疫兔种类、日龄、数量，免疫剂量，免疫方法、接种时间等。同时应做好本场免疫疫苗的进出库记录和使用记录，主要包括疫苗种类、生产厂家、生产批次、生产日期、批准文号、联系电话、有效期、使用方法及操作人员等。在免疫结束后还要记录畜禽的反应情况，及时积累经验、教训，更好地指导今后的生产管理，当免疫出现问题时也便于查找免疫失败的原因。

（四）兔场常见疫病的防疫

1. 病毒性疫病

兔病毒性出血症　兔病毒性出血症（俗称兔瘟）是由兔出血症病毒引起的一种高度传染性、急性致死性疾病。该病的特点是高致病率，高致死率，死亡率可达 70%～90%，通过直接和间接途径迅速传播。经鼻、结膜、口腔感染。病毒在环境中具有高度稳定性，有利于兔病毒性出血症（RHD）的传播。无论自然或人工感染，该病的潜伏期为 1～3 天，体温升高后 12～36 小时死亡。

① 流行特点　兔病毒性出血症一年四季都能发生，但主要以春、秋、冬季发病较多，夏季发病较少。该病只侵害兔，主要危害青年兔和成年兔，40 日龄以下幼兔和部分老龄兔不易感，哺乳仔兔不发病。传染源是病死兔和带毒兔，它们不断向外界排毒，通过病死兔、带毒兔的排泄物、分泌物、病死兔的内脏器官、血液、兔毛等污染饮水、饲料、用具、笼具、空气，引起易感兔发病。人、鼠、其他畜禽等也能机械性地传播病毒，该病曾因收购兔毛及剪毛者的流动，将病原从一个地方带至另一个地方，引起该病的流行。

在新疫区，该病的发病率和死亡率很高，易感兔几乎全部发病，绝大部分死亡，发病急，病程短，几天内几乎全群覆灭。目前，普遍重视该病的预防，发病率大为下降，但仍有发生，主要原因是忽视了优质疫苗的使用及合理的免疫程序、制度，或根本不进行预防免疫。

② 症状　兔病毒性出血症常发生在新疫区。其临床症状以急性感染为主，患兔死前无任何明显症状，往往表现为突然蹦跳几下并惨叫几声即倒毙。死后勾头弓背或角弓反张，少数兔鼻孔流出红色泡沫样液体，肛门松弛，肛周有少量淡黄色黏液附着。有些患病兔精神委顿、不爱活动、食欲减退、喜饮水、呼吸迫促、体温达 41℃。临死前表现为在笼中狂奔、常咬笼，倒地后，四肢划动，

抽搐或惨叫，很快死亡。还有一些患病兔表现为亚急性型症状，迟钝厌食，严重消瘦，被毛无光泽，病程稍长，最后死亡。

③ 防疫　本病以预防为主，选择优质的疫苗按免疫程序进行免疫注射是保证不发生疫病流行的关键。使用单苗或多联苗免疫注射家兔，一年两次。60 日龄以下幼兔主动免疫效果不确实，建议繁殖母兔使用双倍量疫苗，其他兔按说明书使用。紧急预防应用 2～4 倍量单苗进行注射或用高免血清每只兔皮下注射 4～6 毫升，7～10 天后再注射疫苗。无疫情时，可使用多联苗。

④ 疫苗　兔病毒性出血症预防可以使用以下疫苗：

A. 兔病毒性出血症灭活疫苗　主要用于预防兔病毒性出血症，是通过用兔出血症病毒攻击易感家兔，收集死亡家兔的肝脏、脾脏等组织，研磨、灭活后制成的。

为了确保不发生兔病毒性出血症的流行，建议使用该疫苗免疫注射家兔。60 日龄以下幼兔主动免疫效果不确实，一般情况下，仔兔 35～40 日龄，皮下注射 2 毫升，60 日龄时再加强免疫注射 1 毫升，以后每 6 个月免疫注射 2 毫升。建议繁殖母兔使用双倍量疫苗，2 毫升/只，其他兔按说明书使用。发生兔病毒性出血症（兔瘟）时，可用该疫苗进行紧急预防，2～4 毫升/只，进行注射或用高免血清每只兔皮下注射 4～6 毫升，7～10 天后再注射该疫苗，2 毫升/只。

B. 兔病毒性出血症、多杀性巴氏杆菌病二联灭活疫苗　主要用于预防兔出血症和多杀性巴氏杆菌病，是在兔病毒性出血症灭活疫苗的基础上添加了多杀性巴氏杆菌抗原制成的。

为确保不发生兔病毒性出血症的流行，以及预防多杀性巴氏杆菌引起的呼吸道疾病，建议使用该疫苗。主要用于商品肉兔的免疫。一般在仔兔 35～40 日龄皮下注射 2 毫升，60 日龄时再加强免疫注射 2 毫升，以后每 6 个月免疫注射 2 毫升。免疫注射后 5～7 天产生免疫力，兔瘟保护期为 6 个月，巴氏杆菌病保护期为 4 个月。

C. 兔病毒性出血症、多杀性巴氏杆菌病、产气荚膜梭菌病（A 型）三联灭活疫苗　主要用于预防兔病毒性出血症、多杀性巴氏杆菌病和产气荚膜梭菌病，是在兔病毒性出血症、多杀性巴氏杆菌病二联灭活疫苗的基础上添加了产气荚膜梭菌抗原制成的。为确保不发生兔病毒性出血症的流行，预防多杀性巴氏杆菌引起的呼吸道疾病以及产气荚膜梭菌引起的腹泻，建议使用该疫苗。青年、成年兔每兔皮下注射 2 毫升，7 天后产生免疫力，对兔病毒性出血症免疫保护期 6 个月，对多杀性巴氏杆菌病免疫保护期 6 个月，对产气荚膜梭菌病（A 型）免疫保护期 6 个月。

目前，除了以上单苗和多联疫苗可以预防兔病毒性出血症以外，一些研究团队正在研究不使用易感家兔攻毒来制备疫苗的方法。这些方法包括用不同的原核表达系统和真核表达系统表达兔病毒性出血症病毒的保护性衣壳蛋白作为疫苗抗原制备疫苗，目前还没有正式的产品上市。

2. 细菌性疫病

（1）多杀性巴氏杆菌病

① 症状　多杀性巴氏杆菌病是由多杀性巴氏杆菌引起的一种传染病。病兔和带菌兔是主要的传染源，呼吸道和消化道是主要的传播途径，也可经皮肤黏膜的破损伤口感染。临床症状可分为急性型、亚急性型和慢性型三种。急性型发病最急，病兔全身出血性败血症症状，往往生前未发现任何症状就突然死亡。亚急性型又称地方性肺炎，主要表现为胸膜肺炎症状，病程可拖延数天甚至更长。病兔体温高达 40 ℃以上，食欲废绝、精神委顿、腹式呼吸，有时出现腹泻。慢性型的症状依细菌侵入的部位不同可表现为鼻炎、中耳炎、结膜炎、生殖器官炎症和局部皮下脓肿。

A. 患鼻炎兔鼻孔流出浆液性或白色黏液脓性分泌物，因分泌物刺激鼻黏膜，常打喷嚏。由于病兔经常用前爪擦鼻部，致使鼻孔周围被毛潮湿、缠结。有的鼻分泌物与食屑、兔毛混合结成痂，堵塞鼻孔，使患兔呼吸困难。临床表现为鼻炎时发时愈。一部分病菌在鼻腔内生长繁殖，毒力增强，侵入肺部，导致胸膜肺炎或侵入血液引起败血症死亡。

B. 中耳炎俗称歪头病或斜颈，病菌由中耳侵入内耳，导致病兔头颈歪向一侧，运动失调，在受到外界刺激时会向一侧转圈翻滚。一般治疗无效，常可拖延数月后死亡。

C. 结膜炎又称烂眼病，多发于青年兔和成年兔，因病菌侵入结膜，引起眼睑肿胀，结膜潮红，有脓性分泌物流出。患兔见光易流泪，严重时分泌物与眼周围被毛黏结成痂，糊住眼睛，有时可导致失明。

D. 生殖器官炎症主要因配种时被病兔传染，公兔患睾丸炎，睾丸肿大；母兔患子宫炎，常常从阴户流出脓性分泌物，多数丧失种用价值。

由于许多养兔者提高了免疫密度，急性病例较少发生，临床上以亚急性型及鼻炎、中耳炎和结膜炎等慢性病例为多见。

② 防病注意事项

A. 兔舍要通风良好，搞好兔舍内外环境卫生，控制饲养密度，减少或杜绝鼠患，兔舍及用具用3%的来苏儿或2%的氢氧化钠定期消毒；

B. 兔场要定期检疫，在兔群中要及时清理、隔离、淘汰打喷嚏、患鼻炎、中耳炎和脓性结膜炎的病兔，净化兔群；

C. 坚持自繁自养，建立无多杀性巴氏杆菌的种兔群；

D. 兔场应与其他养殖场分开，严禁其他畜、禽进入，杜绝病原的传播。

③ 疫苗使用

A. 兔、禽多杀性巴氏杆菌病灭活疫苗　该单苗主要用于预防兔多杀性巴氏杆菌病，是通过培养兔多杀性巴氏杆菌，收集细菌，灭活后制成的疫苗。

为了预防兔多杀性巴氏杆菌病，一般情况下建议使用该疫苗免疫注射家兔。一般仔兔断奶后即可注苗免疫。每只家兔皮下注射2毫升，免疫保护期为4个月。以后每4个月免疫1次，每次皮下注射2毫升。病情严重的兔场可以加强免疫，每次注射用2倍剂量。

B. 兔病毒性出血症、多杀性巴氏杆菌病二联灭活疫苗　同兔、禽多杀性巴氏杆菌病灭活疫苗使用方法。

C. 兔病毒性出血症、多杀性巴氏杆菌病、产气荚膜梭菌病

（A 型）三联灭活疫苗　同多杀性巴氏杆菌病灭活疫苗使用方法。

（2）产气荚膜梭菌病　产气荚膜梭菌病是由 A 型魏氏梭菌及其毒素所致家兔的一种以剧烈腹泻为特征的急性、致死性肠毒血症。

① 症状　魏氏梭菌广泛存在于土壤、污水、粪便、低质饲料及人畜肠道内。当卫生条件差，饲养管理不良，饲料突然改变、搭配不当、粗纤维不足，使家兔肠道内环境发生改变，肠道正常菌群破坏，一些有害菌（如魏氏梭菌等）大量繁殖，并产生毒素，使家兔中毒死亡。感染途径为消化道、皮肤和黏膜损伤等，一年四季均可发生，以春、秋、冬三季多发。各年龄兔均可发病，以幼兔和青年兔发病率最高。急性病例突然发作，急剧腹泻，很快死亡。有的病兔精神不振，食欲减退或不食，粪便不成形，很快变成带血色、胶冻样、黑色或褐色、腥臭味稀粪，污染后躯。患兔严重脱水，肠内充满气体，四肢无力，呈现昏迷状态，逐渐死亡。有的病兔死前出现抽搐，个别突然兴奋，尖叫一声，倒地而死。多数病例从出现变形粪便到死亡约 10 个小时。

② 诊断要点　突然剧烈水样腹泻，急性死亡；胃内充满食物，胃黏膜脱落，多处有出血斑和溃疡斑；盲肠浆膜和黏膜有弥漫性充血或条纹状出血，内充满褐色内容物和酸臭气体；肝脏质脆；胆囊肿大；心脏表面血管怒张呈树枝状充血；膀胱有少量茶褐色尿液。

③ 防治要点　平时加强卫生消毒和饲养管理，注意饲料合理搭配，特别是粗纤维一定不可缺少；搞好饮食卫生，禁喂发霉变质的饲料，特别是劣质鱼粉。一旦出现病兔，立即隔离，全群投药（如金霉素、红霉素、卡那霉素、喹乙醇、环丙沙星等），并紧急预防接种疫苗。对于患兔，应采取抗菌消炎、补液解毒和帮助消化同时进行。

④ 疫苗使用　家兔产气荚膜梭菌病预防可以使用以下疫苗：

A. 家兔产气荚膜梭菌病（A 型）灭活疫苗　一般在仔兔断奶皮后下注射 2 毫升，免疫保护期为 6 个月。以后每 5～6 个月免疫注射 1 次，每次皮下注射 2 毫升。

B. 兔病毒性出血症、多杀性巴氏杆菌病、产气荚膜梭菌病（A 型）三联灭活疫苗　同家兔产气荚膜梭菌病（A 型）灭活疫苗使用方法。

目前，还有很多危害较重的家兔疫病还没有正规的疫苗，如支气管败血波氏杆菌病、大肠杆菌病、沙门氏菌病、葡萄球菌病、真菌病、兔球虫病、螨病等。近些年，一些研究团队已经开展了支气管败血波氏杆菌病、大肠杆菌病、沙门氏菌病、葡萄球菌病、兔球虫病疫苗的研制，并在支气管败血波氏杆菌病、大肠杆菌病、沙门氏菌病、葡萄球菌病疫苗的研制方面取得了阶段性的进展。但是兔球虫病疫苗的研制，面临巨大的挑战，难度较大。而真菌病和螨病等疫苗的研制难度更大，目前还未见有相关疫苗研制的文献报道。

（五）免疫效果的评估

疫苗免疫效果的评估，一般是指评估疫苗免疫的安全性以及疫苗免疫后产生的免疫效力。

1. 疫苗的安全性

疫苗的安全性评估是指疫苗注射动物后，是否会产生一些局部和/或全身反应。如没有反应，则疫苗是安全的，如产生一些反应，那么疫苗是不安全的。

（1）一般症状观测　对注射疫苗的家兔进行临床症状、体温、局部炎症等观察。如家兔在注射疫苗后一段时间内（一般为 2 周），无任何不良临床症状、体温正常、无局部或全身的炎症反应，则该疫苗是安全的，反之是不安全的。

（2）怀孕母兔观察　对用于怀孕母兔的疫苗，需要评估该疫苗对妊娠、胎儿健康的影响。如怀孕母兔在注射疫苗后一段时间内（一般为 2 周），未见有母兔流产、死胎、弱胎等症状，则该疫苗是安全的，反之是不安全的。

（3）肉兔生产性能观测　对用于肉兔的疫苗应评估疫苗对肉兔生产性能的影响，即使用疫苗后，观察记录动物的生长发育、增重、饲料转化率、出栏率等。如肉兔在注射疫苗后一段时间内（一般为2周），未见有生长发育、增重、饲料转化率、出栏率等发生变化，则该疫苗是安全的，反之是不安全的。

2. 疫苗的免疫效力（短期效力及长期效力）

疫苗的免疫效力评估是指疫苗注射动物后，是否会产生抵抗外来病原侵袭的能力，使动物不发病。

（1）一般情况下，用户在给家兔注射疫苗后，不会采取免疫攻毒的方法来考察疫苗效力。那么评估疫苗免疫效力的一个途径就是观察在注射疫苗后，在疫苗的免疫期内是否有相关疫病暴发或流行，如果没有相关疫病暴发或流行，证明疫苗是有免疫效力的。但是这种评估方法具有严重的滞后性，即一旦发生疫病流行，没有较好的补救措施。

（2）血清学检验。对于家兔用疫苗，目前还没有较好的用于检测免疫效力的检测方法。然而，就兔瘟疫苗而言，虽然疫苗免疫后产生的抗体水平与攻毒保护率之间没有较好的平行关系，但还是可以通过检测免疫兔血清中兔出血症病毒血凝抑制（HI）抗体滴度对免疫效力进行粗略的评估。由于不同系统的 HI 检测方法不尽相同，所以应根据所用的方法检测血清中 HI 的效价，按照方法规定的判断标准进行判定，以监测兔群的免疫水平，并采取相应的措施。

（六）影响免疫效果的因素

影响免疫效果的因素有很多，包括疫苗方面，如疫苗的质量问题、疫苗保存及运输方法不当；免疫使用方法方面，比如，疫苗接种方法不当，免疫程序不合理；兔群方面，如兔群健康状况不良；环境因素方面，如饲养条件突然变化、家兔转场、运输等。

1. 疫苗方面

首先是疫苗的质量问题。疫苗的质量是影响免疫效果的主要因素，应根据本场的免疫程序，选择购买通过农业部 GMP 认证生产企业和 GSP 认证销售单位提供的有正规批准文号的疫苗。凡没有瓶签或瓶签模糊不清、过期失效、色泽异常、内有异物、发霉、瓶塞不紧或瓶破裂等不符合规定要求的疫苗，都严格禁止使用。更不能使用那些没有正规批准文号的疫苗。这些疫苗的免疫效果不确实，而且还有发生不良反应的风险。

其次是疫苗保存及运输方法不当。一般情况下，不同的疫苗要求不同的保存条件，应根据说明书的要求进行保存。保存不当，疫苗会失效，起不到应有的作用。一般疫苗应保存在低温、避光及干燥的地方，最好置冰箱中保存。氢氧化铝胶苗、蜂胶苗、油佐剂苗应保存在普通冰箱冷藏室（2～8℃）中，严禁冻结；加耐热保护剂的冻干疫苗也应置于2～8℃保存；普通冻干苗、免疫血清、卵黄抗体等则应置低温冰箱中保存。在疫苗运输中要求包装完整，防止损坏。应将疫苗置于冷藏箱内运输，选择最快捷的运输方式，到达目的地后尽快送至保存场所。

2. 免疫使用方法

疫苗接种方法不当，会影响疫苗免疫效果。疫苗使用前及疫苗使用时应注意以下几方面：

（1）疫苗使用前应细看说明书，检查瓶签、批号和有效期，严格按要求使用，疫苗使用前应充分振荡使沉淀混合均匀。需要稀释的疫苗，要严格按说明要求操作，充分振荡，完全溶解；注意说明中疫苗使用的时间及温度。

（2）做好器械消毒，注射器及针头、镊子都要常温煮沸消毒30分钟或高压煮沸消毒15分钟，做好注射部位消毒，有条件的最好每注射一只换一个针头，以防止针头交叉感染。

（3）注射时要避开大的血管和神经，肌内注射的部位在腿肌肌肉丰满处，皮下注射选择家兔颈部皮肤比较松散的部位。另外，注射动作要迅速，剂量要准确。

免疫程序不合理也是造成免疫效果不佳的主要因素。在疫苗的使用过程中，应根据家兔的用途、日龄等正确选择不同的疫苗、疫苗剂量及免疫间隔时间进行免疫，否则随意地改变免疫程序或者使用不合理的免疫程序均会造成免疫失败。

3. 兔群状况

疫苗免疫时，应该了解兔群的整体状况，视不同状况，对兔群进行针对性地免疫。首先，应关注兔群的健康状况、母源抗体水平；其次，在发生疫情时，应注意免疫的先后次序。

（1）兔群的健康状况 注射疫苗前必须检查家兔的健康状况，凡是体温高、病兔、怀孕后期的母兔均暂不注射，病兔、孕兔在痊愈或生产后要及时补充免疫。兔群在健康状况不良的情况下，注射疫苗不能激发机体免疫系统产生良好的免疫反应，相反，还有可能加重因疫苗注射引起的副反应或者强烈的应激反应。

（2）母源抗体水平的影响 众所周知，母源抗体的水平，在大多数情况下会影响到疫苗的免疫效果。当幼龄动物体内母源抗体水平较高时，注射疫苗会造成母源抗体中和疫苗抗原的现象，一旦疫苗抗原被中和，疫苗中有效抗原的含量会降低，势必会使免疫效力下降。因此，养殖场应定期检测本场家兔母源抗体水平，待母源抗体下降到一定水平时，再进行疫苗免疫。这样就可以避开母源抗体对疫苗免疫的干扰作用，从而达到疫苗免疫的效果。

（3）针对不同的疫区进行区别对待 在发生疫情时，有些疾病可以进行紧急免疫预防，在一定程度上可以控制疫情的蔓延，如兔病毒性出血症（兔瘟）等。但是对于免疫预防的区域应区别对待。对疫病正在流行地区的紧急预防免疫，应在做好消毒、隔离的基础上，按由外围向中心，先健康群后受威胁群的顺序进行预防免疫，对正在患病的家兔，有条件的应用抗血清或特效药物进行治疗抢救。

4. 环境因素的影响

在饲养条件突然变化、家兔转场及运输之后，不宜急于进行疫苗免疫，应在家兔状况基于平稳后再免疫注射。因为，这些情况下动物机体免疫状况低下，即使按照说明书注射了一定剂量的疫苗，由于机体免疫系统功能低下，疫苗抗原不能良好地激发免疫应答。

除了以上环节可以影响免疫效果外，还有一些因素也会影响免疫效果。如在多种疫苗同时注射时，会出现相互之间的免疫干扰；

有些动物个体本身对所有疫苗均耐受，即可能患有免疫抑制类疫病等，均会影响免疫效果。

（七）规模化兔场参考免疫程序

免疫程序是一种综合疫病流行病学规律、免疫应答机制以及依据免疫实施区的状况而制订的免疫计划。通俗地说就是一个地区（或单位）根据实际情况制订的合理的预防接种计划。即根据当地疫情、动物机体状况（主要是指母源及后天获得的抗体消长情况）以及现有疫苗的性能，为使动物机体获得稳定的免疫力，选用适当的疫苗，安排在适当的时间给动物进行免疫注射。免疫程序的内容包括畜禽的用途，免疫的初始年龄，母源抗体水平和饲养条件，使用疫苗的种类、性质、免疫途径，疫苗接种的次数，每两次接种之间的恰当的时间间隔，以及几种疫苗联合免疫的问题。

相对其他畜种，目前正规的兔用疫苗种类较少。其中单苗包括兔病毒性出血症灭活疫苗（简称兔瘟疫苗）、多杀性巴氏杆菌病灭活疫苗（简称巴氏疫苗）、家兔产气荚膜梭菌病（A型）灭活疫苗（简称魏氏疫苗）；联苗包括兔病毒性出血症、多杀性巴氏杆菌病二联灭活疫苗，兔病毒性出血症、多杀性巴氏杆菌病、产气荚膜梭菌病（A型）三联灭活疫苗。一个合理的免疫程序需要根据家兔的用途、免疫的日龄、养殖场疫病流行情况等进行制定。以下是经过多年的临床实践验证提出的较为合理的免疫程序，仅供参考。

1. 繁殖种兔群的免疫程序

（1）繁殖母兔饲养周期长，同时担负起生产仔兔的任务，在哺乳期会因为提供奶水而流失一部分母源抗体，因此在免疫时要注意疫苗剂量要充足。应每年2次定期免疫注射。

第一次，用兔病毒性出血症、多杀性巴氏杆菌病二联灭活疫苗，2毫升/只，颈部皮下注射，5～7天后，注射产气荚膜梭菌灭活疫苗（A型），2毫升/只，颈部皮下注射；或者有条件的兔场可以用兔病毒性出血症、多杀性巴氏杆菌病、产气荚膜梭菌病（A

型）三联灭活疫苗，3毫升/只，颈部皮下分点注射。

6个月后　第二次，用兔病毒性出血症、多杀性巴氏杆菌病二联灭活疫苗，2毫升/只，颈部皮下注射，5～7天后，注射产气荚膜梭菌灭活疫苗（A型），2毫升/只，颈部皮下注射；或者有条件的兔场可以用兔病毒性出血症、多杀性巴氏杆菌病、产气荚膜梭菌病（A型）三联灭活疫苗，3毫升/只，颈部皮下分点注射。

（2）种公兔饲养周期长，可参考以下免疫程序，应每年2次定期免疫注射。

第一次，用兔病毒性出血症、多杀性巴氏杆菌病二联灭活疫苗，1毫升/只，颈部皮下注射，5～7天后，注射产气荚膜梭菌灭活疫苗（A型），2毫升/只，颈部皮下注射；或者有条件的兔场可以用兔病毒性出血症、多杀性巴氏杆菌病、产气荚膜梭菌病（A型）三联灭活疫苗，2毫升/只，颈部皮下注射。

6个月后　第二次，用兔病毒性出血症、多杀性巴氏杆菌病二联灭活疫苗，1毫升/只，颈部皮下注射，5～7天后，注射产气荚膜梭菌灭活疫苗（A型），2毫升/只，颈部皮下注射；或者有条件的兔场可以用兔病毒性出血症、多杀性巴氏杆菌病、产气荚膜梭菌病（A型）三联灭活疫苗，2毫升/只，颈部皮下注射。

2. 非繁殖青年、成年兔群的免疫程序

非繁殖青年、成年兔群，可根据饲养时间的长短，参考以下免疫程序。应每年2次定期免疫注射。

第一次，用兔病毒性出血症、多杀性巴氏杆菌病二联灭活疫苗，1毫升/只，颈部皮下注射，5～7天后，注射产气荚膜梭菌灭活疫苗（A型），2毫升/只，颈部皮下注射；或者有条件的兔场可以用兔病毒性出血症、多杀性巴氏杆菌病、产气荚膜梭菌病（A型）三联灭活疫苗，2毫升/只，颈部皮下注射。

6个月后　第二次，用兔病毒性出血症、多杀性巴氏杆菌病二联灭活疫苗，1毫升/只，颈部皮下注射，5～7天后，注射产气荚膜梭菌灭活疫苗（A型），2毫升/只，颈部皮下注射；或者有条件的兔场可以用兔病毒性出血症、多杀性巴氏杆菌病、产气荚膜梭菌病（A 型）三联灭活疫苗，2 毫升/只，颈部皮下注射。

3. 肉兔的免疫程序

（1）70 日龄出栏的肉兔　在家兔 35～40 日龄时，用兔病毒性出血症、多杀性巴氏杆菌病二联灭活疫苗，2 毫升/只，颈部皮下注射；或者用兔病毒性出血症灭活疫苗，2 毫升/只，颈部皮下注射。

（2）70 日龄以上出栏的肉兔　在家兔 35～40 日龄时，用兔病毒性出血症、多杀性巴氏杆菌病二联灭活疫苗，2 毫升/只，颈部皮下注射；或者用兔病毒性出血症灭活疫苗，2 毫升/只，颈部皮下注射。

在家兔 60～65 日龄时，用兔病毒性出血症、多杀性巴氏杆菌病二联灭活疫苗，1 毫升/只，颈部皮下注射；或者用兔病毒性出血症灭活疫苗，1 毫升/只，颈部皮下注射。

4. 仔、幼兔的免疫程序

30～35 日龄　多杀性巴氏杆菌病灭活疫苗，1 毫升/只，颈部皮下注射。

35～40 日龄　兔病毒性出血症灭活疫苗，2 毫升/只，颈部皮下注射。

60～65 日龄　兔病毒性出血症、多杀性巴氏杆菌病二联灭活疫苗，1 毫升/只，颈部皮下注射。

70 日龄　产气荚膜梭菌灭活疫苗（A 型），2 毫升/只，颈部皮下注射（魏氏梭菌病的免疫预防时间可根据兔场发病情况适当调整）。

然而，免疫程序不是一成不变的。当疫病已经得到控制，或者兔场本身没有相关疫病时，如魏氏梭菌病、多杀性巴氏杆菌病等的免疫程序应该进行适当调整。另外，随着新疫苗的不断问世，也应根据养殖场的实际情况相应地调整免疫程序。

四、常用检测技术

家兔养殖生产中常用的检测技术有病理剖检技术、病原分离技术、抗体检测技术等，借助以上检测手段，可以快速对疫病进行诊断，以便确诊后及时采取预防和治疗措施，控制疫病传播，降低养殖损失。本章主要介绍常用的检测技术，分析检测过程中的常见问题，指导兔场和养殖户进行科学正确的疫病检测，及时发现病因。

（一）病理剖检

病理剖检是应用病理学相关知识和技术，对病死或濒死期家兔的尸体进行病理剖检观察，用肉眼和显微镜等查明患病体各器官、组织的病理变化，进行科学的综合分析，做出客观的病理学诊断。

1. 剖检方法

为便于观察整个胸腔和腹腔，兔只的解剖方法一般采取侧卧位，兔体左侧朝上，头朝向解剖者的左边，置于解剖台上。常用工具有：手术剪、普通剪刀、手术刀、带钩的长镊子和无钩的镊子各一把。第一步，剖开皮肤，用带钩的镊子从腹股沟处夹起皮肤一角，用手术刀或剪刀开始剪，把整个腹壁和胸壁的兔皮剪开，在剪皮的过程中，带钩的长镊子拉着兔皮，再用手术刀或剪刀剥离开皮与腹壁或与胸壁间的结缔组织；第二步，皮肤切开后，为观察胸腔，应把左前脚与胸壁间肩胛骨切开，然后往左上方翻过去，甚至可以把整个左前肢剪掉，彻底暴露出整个胸腹部；第三步，剖开胸腔和腹腔。用带钩的镊子从腹部右下角夹起，用手术刀或剪刀小心地剪开一个小口，不要太用力，以免剪破肠道。然后剪去整个腹部肌肉，用剪刀剪断两侧肋骨、胸骨，拿掉前胸廓，暴露整个胸腔和腹腔，便于观察。若要观察喉头、气管和食管，则要进一步小心剪开颈部的皮肤、肌肉和骨头。若要观察脑内情况，则要小心去掉脑门的皮肤和头盖骨。

2. 剖检内容

（1）**外部检查**　在剥皮之前检查尸体的外表状态。检查内容包括品种、性别、年龄、毛色、特征、体态、营养状况、被毛、皮肤、天然孔及可视黏膜等，注意有无异常。

（2）**皮下检查**　主要检查皮下有无出血、水肿、化脓病灶、皮下组织出血性浆液性浸润、乳房和腹部皮下结缔组织、皮下脂肪、肌肉及黏膜色泽等。

（3）**上呼吸道检查**　主要检查鼻腔、喉头黏膜及气管环间是否有炎性分泌物、充血和出血。

（4）**胸腔脏器检查**　依次检查心、肺、胸膜等。主要检查胸腔积液、胸膜、肺、心包、心肌是否存在充血、出血、变性和坏死等。查看肺是否肿大，有无出血点、斑疹及灰白色小结节。胸腔内有无脓疱、浆液或纤维性渗出。

（5）**腹腔脏器检查**　打开腹腔后，依次查看腹膜、肝、胆囊、胃、脾脏、肠道、胰、肠系膜、淋巴结、肾脏、膀胱和生殖器等各个器官。主要检查是否有腹水、纤维素性渗出、寄生虫结节，脏器色泽、质地和是否肿胀、充血、出血、化脓灶、坏死、粘连等。仔细观察肝脏色泽、质地和是否肿胀、充血、出血；胆囊上有无小结节；脾是否肿大，有无灰白色结节，切开结节有无脓液或干酪样物；肾脏是否充血、出血、肿大或萎缩；胃黏膜有无脱落，胃是否膨大、充满气体和液体；肠黏膜有无弥漫性充血出血，黏膜下层是否水肿，十二指肠是否充满气体，空肠是否充满半透明胶样液体，回肠内容物形状，结肠是否扩张，盲肠蚓突、圆小囊、盲肠壁及内容物情况；膀胱是否扩张，积尿颜色；子宫内有无蓄脓。

（二）病料采集与送检

1. 全兔病料

尽量送完整的濒死期或刚病死的兔子，数量尽量多，一般要送3～5只，可以更加全面地了解病理变化。

2. 脏器病料

通常根据所怀疑疾病的种类来决定采集哪些器官或组织的病料。尽量保持病料新鲜，最好在濒临死亡时或死后数小时内采集，尽量要求减少杂菌污染，使用的用具器皿应严格消毒，根据不同的病情，采取不同部位的病料，尽量采集量多一点，脏器的采样部位要在病变与健康组织交界处；各个脏器能够单独包装，并用记号笔标记脏器名称和采集日期。不同病料的采集方法和送检要求见表2。

表2　不同病料的采集方法和送检要求

病料类型	采集方法和送检要求
内脏	采集的病料组织样品如用于微生物学检验，则组织块不必太大，一般1～2厘米即可，如有少量污染或不能保证无污染，组织块则相应取大些，切割后使用；如用于病理组织学检查，则要采集病灶及临近正常组织，并存放于10%甲醛溶液中，若需要冷冻切片，则应将病料组织放在冷藏容器中，并尽快送实验室检验
脑组织	开颅后取出大脑和小脑，纵切两半，一半放50%甘油生理盐水瓶中，供微生物检验用，另一半放10%的甲醛或戊二醛溶液内，供组织学检查和电镜检查用
肠内容物	病变较为明显的肠道部分，采集吸管或较大号针头扎取内容物，放入30%甘油盐水缓冲液中保存送检，或将该段肠管两端扎结，剪下送检
排泄物	采集粪便应力求新鲜，或用拭子插到直肠黏膜表面采集粪便；采集尿液时用一次性塑料杯接取；呼吸道分泌物则用灭菌的棉拭子采集，取鼻腔、咽喉内的分泌物，蘸取后立即放入特定的保存液中
皮肤	用锋利的外科刀刮取病变部皮肤结痂、皮屑及毛，或刮取病变与健康部位交界处的皮肤组织放容器中送检。如需要采集病变部位的水疱液等，需要使用注射器抽取
血液	于耳静脉采血2～3毫升，用灭菌试管或离心管收集，如需抗凝，则加入一定比例的抗凝剂，盖严后送检。全血样品不能冷冻，保存在2～8℃

除以上病料送检要求外，病料的送检还应遵循以下原则：对于全兔病料，冬春季节，如病料马上送检，可不采取保温措施；如夏秋季节，最好随病兔放上冰袋，保持病兔新鲜；如是夏季，最好将全兔冷冻，再在运送时加上冰袋，防止兔体腐败变质。对于脏器病料，如马上送检，应采取保温措施，尽量保持病料新鲜；如不是马上送检，则应冷冻保存。对疑为细菌性的病料，应在冰箱中冷藏保存；对怀疑为病毒性疾病的病料，最好在－70℃冰箱中保存。运送时均应使用保温瓶，并加上冰块或冰袋。

（三）病原分离

1. 细菌性疾病

取有病变兔的内脏器官，如心、肝、脾、肾、空肠、淋巴结等作为被检病料。用革兰氏、美蓝或姬姆萨染液染色，显微镜下观察有无细菌存在；选择合适培养基，置37℃培养20~24小时，观察细菌生长状态，菌落形态、大小、色泽等；挑取可疑的单个菌落纯化培养，再进行涂片检查及进行生化反应、动物接种和血清学检验等，最终确定细菌类型，获得致病的病原菌。

2. 病毒性疾病

病毒在不同组织中含毒量不同，所以必须采取含毒量多的组织进行病毒分离，并要求病料新鲜。被检材料接种于新鲜琼脂培养基或血清血红素培养基，将结果均为阴性的被检材料磨细或液体材料用无菌生理盐水（pH为7.2左右）或磷酸盐缓冲液稀释10倍，用6号玻璃滤器，将滤液作为接种材料，同时在接种液中加青霉素（每毫升1 000国际单位）、链霉素（每毫升1 000单位）。接种材料可以进行鸡胚接种、组织细胞接种和动物接种。鸡胚接种，取9~10日龄的鸡胚，每胚绒尿腔接种0.2毫升，一般在接种后48~72小时死亡。组织细胞接种，用各种动物组织的原代细胞或传代细胞接种，病毒能在细胞上繁殖，同时能使细胞产生病变。动物接种，通常小白鼠、豚鼠和家兔用于接种病料，接种家兔一般皮下、肌内或腹腔注射0.5毫升，观察实验动物的发病情况和病变。分离得到的病毒材料以电子显微镜检查，血清学试验确认，进一步可以通过理化特性和生物学特性鉴定，最终确定病毒类型，获得致病性病毒。

（四）抗体检测

1. 抗体检测的目的

特异性抗体检测的目的首先是协助临床诊断，在某些疾病中亦是观察疗效及预后的一个指标，观察预防接种的效果，在传染病流行病学调查中特异性抗体的检测也具有特殊的、重要的意义。家兔血清样品主要用于抗体的检测。

2. 血液采集方法

家兔血液采集的方法主要包括耳缘静脉采血、心脏采血、耳中央动脉采血等，前两种方法实际操作简易，因此较常用。耳缘静脉或心脏采血 2～3 毫升，用灭菌试管或离心管收集，如需抗凝，则加入一定比例的抗凝剂，盖严后送检。

3. 血清制备方法

采集的血液样品可保存于一次性 5 毫升真空管中，在常温下静置 1～2 小时可自然析出血清。也可将装入血液的真空管置于 37 ℃温箱中 1 小时，待其析出血清。分离的血清加盖编号，造册登记。利用离心机分离血清，首先将采集的血液样品置室温 30 分钟，待血液凝固后 2 000～3 000 转/分离心 5～10 分钟，试管上层清液即为血清，如离心后有轻微的溶血，用牙签将血凝块挑出，将混有红细胞碎片的血清再次离心，用干净吸管收集于干燥的指形管中，贴上标签备用；如血清溶血，应剔出样品。

4. 合格血清的要求

合格的血清应无溶血、不浑浊、不变质。所分离出的血清若不能及时送检，应保存在 2～8 ℃的冰箱中可保存 15 天，－15 ℃以下血清可保存 2 年。

（五）检测报告分析要点

检测报告的一般情况登记内容包括送检单位、畜主姓名、动物种类、品种、编号、年龄、性别、毛色、特征、用途、营养、发病时期、死亡日期、病料种类、送检日期、送检人、剖检日期、剖检人员、在场人等。检测报告的病历摘要，包括主诉、病史摘要、发病经过、主要症状、治疗经过、流行病学情况、实验室各项检查结果、临床诊断结果等。检测报告的病理剖检变化主要包含两部分内容，一为尸体剖检观察结果，为大体剖检当时所见的病理变化，因脏器不能长期保存，故要求详细、真实的记录，遇到典型的病理变化应拍照，有条件的还可做录像记录；二为病理组织切片观察记录，包括组织化学和免疫细胞化学等观察，必要时可以进行超微病变观察。

检测报告中应重点加以分析的要点，主要包括以下四个部分：第一，兔群的发病史，了解发病兔的发病原因、经过和发病前后的基本情况；第二，临床症状，对病兔进行详细的体表观察，如精神状态、体温、口鼻、肛门等有无异常；第三，病理剖检，解剖病、死兔，观察和记录病变的形态、位置、性质变化等；第四，实验室检查，通过实验室诊断的方法对发病兔进行病原学、血清学等检测，并对检测结果进行详细分析。

在对动物进行系统尸体剖检的基础上，结合患病动物生前临床症状及其他各种相关资料，进行分析判断，找出各病变之间的内在联系、病变与临床症状之间的关系，结合实验室诊断结果，做出最终判断，阐明被检动物发病和致死的原因，并针对病例提出防治措施，把群发疾病控制在最小范围，把损失降到最低。

（六）实验室检测常见误区

实验室检测的目的是对家兔传染病进行准确诊断，发现隐性传染病，证实传播途径，传播动态，检测兔群免疫水平和有关致病因素，如血清学调查，是为了了解某疫病的抗体水平，从而对该病的流行动态、免疫状态等做出评估，为采取进一步的防病控病措施提供科学依据。然而，实验室检测常常存在一些误区，主要有样本采集不合理、检测方法或方案不正确、判断依据不合理等问题。

1. 样本采集不合理

样本采集需要注意以下几个方面：①注意无菌操作，采集病料用的器具应灭菌消毒，若采集过程中污染样本，则易影响诊断结果。②采取未用药的病死兔，采集病料的病死兔最好是未经用药预防或进行治疗，如细菌性或寄生虫传染病，一旦用药或多次用药后，有些敏感细菌很难分离。③采取合适的病变部位，不同疾病所要求的病料或样本采集部位有所不同，病原感染兔体后，一般具有组织嗜性，临床初步诊断后，怀疑哪种疾病，采集病料或样品时就应取该病最常侵害的部位或特征性病变组织。对病变不典型，不能确定哪种疫病的情况，采集的部位和种类应尽可能齐全，采集的数量要足够，否则病原难以得到分离和确诊。④样本采集要及时，应在病死前或病死后立即进行，死亡过久或腐败变质的病料对诊断毫无意义。采集的新鲜病料应采用冷链运输，快速送检。

2. 检测方法或方案不正确

一般的常见典型病例可以通过外观或剖检症状做出初步诊断，但是大部分病例，尤其是混合感染的病兔，很难从外观或剖检症状做出准确的判断，因此还要借助实验室技术才能做出正确的诊断。根据临床和剖检症状对疫病进行的初步诊断，一定程度上决定了实验室诊断的方向，进一步选择采取细菌学、病毒学、真菌学还是寄生虫学的检测方法；但初步诊断存在判断失误或者混合感染等复杂病例的情况，容易出现选择的检测方法不正确的问题，此时需要采用全面的实验室诊断方法进行确诊。

3. 判断依据不合理

（1）认为检测抗体就能确诊疫病。抗体检测只能作为疫病诊断的依据之一，还需要结合临床症状、病理变化，确诊需做病原学诊断。

（2）认为检测出某种病原就能确诊疫病。很多细菌类病原为条件性致病菌或某些疾病为混合感染，检出病原只能作为疫病诊断的依据之一，还需结合临床症状、病理变化，做出综合判断。

（3）认为不发病就不需要检测。健康动物的免疫效果评估与发病动物的治疗相比，投资更小、可避免更多经济损失。

参考文献
Reference

陈芳正.2012.动物出现疫苗反应后的处理方法.中国兽医杂志,48
　　(7)：83.

陈焕春，文心田，董常生，等.2013.兽医手册.北京：中国农业出版社.

陈紊良，崔玉杰，韩艳淑，等.2011.疫源地消毒剂卫生要求.中华人民共和
　　国国家标准（GB 27953—2011）.

崔尚金.2007.科学驾驭疫苗"家族"——疫苗分类和使用要求、免疫失败原
　　因分析及对策.中国动物保健,（104）：20-23.

丁轲，薛帮群.2013.兔场卫生防疫.郑州：河南科学技术出版社.

段永丽，刘循林，邹永东.2009.动物疫苗注射接种注意的几个问题.中国畜
　　禽种业,（10）：46.

方钟，罗文新，夏宁邵.2007.表位疫苗研究进展.中国生物工程杂志,27
　　(11)：86-91

谷子林，秦应和，任克良，等.2013.中国养兔学.北京：中国农业出版社.

谷子林，任克良.2010.中国家兔产业化.北京：金盾出版社.

谷子林.1999.肉兔饲养技术.北京：中国农业出版社.

谷子林.2013.规模化生态养兔技术.北京：中国农业大学出版社.

顾链、乔维汉、邓小虹，等.2011.紫外线空气消毒器安全与卫生标准,中华
　　人民共和国国家标准（GB 28235—2011）.

郭绍林.2011.提高动物疫苗免疫效果的关键控制点.畜牧兽医科技信息
　　(11)：1-6.

侯站民，智木山，刘清亮.2008.畜禽养殖场常用消毒药品及使用方法.河南
　　科技：乡村版（5）：32.

黄光波.2009.规模化养猪场消毒技术要点.四川畜牧兽医（9）：36.

江峰.2013.动物疫苗反应的急救与预防.农家致富（17）：42-43.

姜长虹，赵娟，王银钱.2012.兔常用疫苗的应用.北方牧业（9）：26.

姜国均，周帮会，马清河，等.2009.兔场消毒技术规范,河北省地方标准

（DB 13/T 1212—2010）.

姜海涛 . 2006. 养殖场常用消毒剂使用方法及注意事项 . 兽药与饲料添加剂
（3）：35 - 36.

李果林 . 2013. 疫苗免疫副反应的原因分析 . 当代畜牧（10）：59 - 60.

李寿天，卢明华 . 1998. 养殖场的鼠害及灭鼠技巧 . 湖北畜牧兽医（2）：44.

李万年 . 2014. 畜禽养殖场消毒的误区 . 农业与技术（2）：164.

刘汉中，秦应和，张凯，等 . 2012. 我国肉兔生产现状与发展趋势 . 中国养兔
（1）：4 - 7.

刘吉山，王玉茂，张松林，等 . 2013. 兔场流行病防控技术 . 北京：金盾出
版社 .

刘家鹤 . 2006. 消毒防病健康增效——规模化养殖中的防疫新理念与消毒 . 中
国畜禽种业（3）：47 - 48.

刘建军 . 2012. 免疫后常见反应及注意事项 . 农民文摘 . 38 - 39.

木金凤，和航宇，和美绘 . 2011. 几种畜禽常用疫苗免疫接种后的不良反应及
处理措施 . 畜牧与饲料科学 32（4）：103.

宁宜宝 . 2008. 兽用疫苗学（第 1 版）. 北京：中国农业出版社 .

其其格，巴根那 . 2004. 疫苗的保存与应用 . 畜牧与饲料科学（6）：100.

苏静波，梁华 . 2009. 禽场常用的消毒剂 . 特种经济动植物（3）：15 - 16.

隋慧雪，史玉兰，黄凯 . 2008. 4 种空气消毒方法效果观察 . 河南预防医学杂
志（4）：254.

覃树勤 . 2013. 对养殖场"三防"设施及措施的探讨 . 养殖与饲料（8）：
22 -24.

王昌青，杨兵 . 2009. DNA 疫苗研究进展 . 中国畜牧兽医，36（12）：
143 -147.

王成新 . 2009. 畜牧场清洁消毒操作中存在问题分析及改进方法 . 中国禽业导
刊（2）：18 - 20.

王大文 . 2012. 如何确定兔子疫苗的使用 . 中国畜禽种业（7）：112.

王芳，薛家宾，等 . 2008. 兔病防治路路通 . 江苏：江苏科学技术出版社 .

王光明，李万财 . 2007. 动物接种疫苗后产生应激反应的处理 . 黑龙江畜牧兽
医（12）：85.

王海春，周翠 . 2011. 畜禽养殖场常用的几种消毒剂 . 贵州畜牧兽医（6）：
59 - 60.

王贺民，张建平，李浩鹏，等.2004.免疫不良反应和免疫失败.河南畜牧兽医，25（9）：25-27.

王莹.2014.我国疫苗的研究与开发.中国生物工程杂志，34（1）：135-137.

翁瑞清，王千军，张霞.2013.规模化种兔场的消毒方法及程序.中国养兔（8）：47-48.

吴信生.2009.肉兔健康高效养殖.北京：金盾出版社.

薛帮群，魏战勇.2010.兔场多发疾病防控手册.郑州：河南科学技术出版社.

闫英凯.2011.从养殖模式看我国兔产业的发展方向.中国养兔（1）：17-21.

袁治劢，王太星，顾键.1995.消毒与灭菌效果的评价方法和标准.中华人民共和国国家标准（GB 15981—1995）.

张京和.2013.家兔养殖与防病技术.北京：科学技术文献出版社.

张连兵，王洁.2013.家畜化脓性外伤的治疗.中国畜禽种业（9）：35.

张连山，郁富慧.2010.规模化养猪场消毒技术应注意的十项措施.山东畜牧兽医（7）：62.

张振华，董亚芳.2002.养兔生产大全.南京：江苏科学技术出版社.

张志宏，梁英华.2012.浅谈动物疫苗接种的注意事项.广东畜牧兽医科技，37（2）：49-52.

赵敏，孙健，单雪梅，等.2013.兽用消毒剂的分类及其特点.中国畜牧兽医文摘（4）：188-189.

赵萍，储岳峰，高鹏程，等.2008.动物接种疫苗后的异常反应及处理措施.养殖与饲料（9）：34-35.

郑艳利，王开，马红霞，等.2013.兔病毒性出血症疫苗研究进展.动物医学进展，34（3）：95-100.

钟艳玲，王振来，郑宝莲，等.2006.猪场如何科学选用消毒剂（上）.动物保健（7）：43-44.